高等院校应用型“十二五”艺术设计教育系列规划教材

室内设计

詹学军 杨 杰 编著
王 萍 邓 军

合肥工业大学出版社

图书在版编目（CIP）数据

室内设计/詹学军等编著.—合肥：合肥工业大学出版社，2014.8（2016.6重印）
ISBN 978-7-5650-1940-1

Ⅰ.室… Ⅱ.詹… Ⅲ.室内装饰设计 Ⅳ.TU238

中国版本图书馆CIP数据核字（2014）第191810号

编　　著：詹学军　杨　杰　王　萍　邓　军
责任编辑：王　磊　　　封面设计：袁　媛
内文设计：尉欣欣　　　技术编辑：程玉平
书　　名：高等院校应用型“十二五”艺术设计教育系列规划教材——室内设计

出　　版：合肥工业大学出版社
地　　址：合肥市屯溪路193号
邮　　编：230009
网　　址：www.hfutpress.com.cn
发　　行：全国新华书店
印　　刷：安徽联众印刷有限公司
开　　本：889mm×1194mm　1/16
印　　张：6
字　　数：166千字
版　　次：2014年8月第2版
印　　次：2016年6月第3次印刷
标准书号：ISBN 978-7-5650-1940-1
定　　价：39.00元
发行部电话：0551-62903188

序
PROLOG

目前艺术设计类教材的出版十分兴盛，任何一门课程如《平面构成》、《招贴设计》、《装饰色彩》等，都可以找到十个、二十个以上的版本。然而，常见的情形是许多教材虽然体例结构、目录秩序有所差异，但在内容上并无不同，只是排列组合略有区别，图例更是单调雷同。从写作文本的角度考察，大都分章分节平铺直叙，结构不外乎该门类知识的历史、分类、特征、要素，再加上名作分析、材料与技法表现等等，最后象征性地附上思考题，再配上插图。编得经典而独特，且真正可供操作、可应用于教学实施的却少之又少。于是，所谓教材实际上只是一种讲义，学习者的学习方式只能是一般性的阅读，从根本上缺乏真实能力与设计实务的训练方法。它表明教材建设需要从根本上加以改变。

从课程实践的角度出发，一本教材的着重点应落实在一个“教”字上，注重“教”与“讲”之间的差别，让教师可教，学生可学，尤其是可以自学。它必须成为一个可供操作的文本、能够实施的纲要，它还必须具有教学参考用书的性质。

实际上不少称得上经典的教材其篇幅都不长，如康定斯基的《点线面》，伊顿的《造型与形式》，托马斯·史密特的《建筑形式的逻辑概念》等，并非长篇大论，在删除了几乎所有的关于“概念”、“分类”、“特征”的絮语之后，所剩下的就只是个人的深刻体验，个人的课题设计，于是它们就体现出真正意义上的精华所在。而不少名家名师并没有编写过什么教材，他们只是以自己的经验作为传授的内容，以自己的风格来建构规律。

大多数国外院校的课程并无这种中国式的教材，教师上课可以开出一大堆参考书，却不编印讲义。然而他们的特点是“淡化教材，突出课题”，教师的看家本领是每上一门课都设计出一系列具有原创性的课题。围绕解题的办法，进行启发式的点拨，分析名家名作的构成，一次次地否定或肯定学生的草图，无休止地讨论各种想法。外教设计的课题充满意趣以及形式生成的可能性，一经公布即能激活学生去进行尝试与探究的欲望，如同一种引起活跃思维的兴奋剂。

因此，备课不只是收集资料去编写讲义，重中之重是对课程进行设计有意义的课题，是对作业进行编排。于是，较为理想的教材的结构，可以以系列课题为主，其线索以作业编排为秩序。如包豪斯第一任基础课程的主持人伊顿在教材《设计与形态》中，避开了对一般知识的系统叙述，而是着重对他的课题与教学方法进行了阐释，如“明暗关系”、“色彩理论”、“材质和肌理的研究”、“形态的理论认识和实践”、“节奏”等。

每一个课题都具有丰富的文件，具有理论叙述与知识点介绍、资源与内容、主题与关键词、图示与案例分析、解题的方法与程序、媒介与技法表现等。课题与课题之间除了由浅入深、从简单到复杂的循序渐进，更应该将语法的演绎、手法的戏剧性、资源的趣味性及效果的多样性与超越预见性等方面作为侧重点。于是，一本教材就是一个题库。教师上课可以从中各取所需，进行多种取向的编排，进行不同类型的组合。学生除了完成规定的作业外，还可以阅读其他课题及解题方法，以补充个人的体验，完善知识结构。

从某种意义上讲，以系列课题作为教材的体例，使教材摆脱了单纯讲义的性质，从而具备了类似教程的色彩，具有可供实施的可操作性。这种体例着重于课程的实践性，课题中包括了“教学方法”的含义。它所体现的价值，就在于着重解决如何将知识转换为技能的质的变化，使教材的功能从“阅读”发展为一种“动作”，进而进行一种真正意义上的素质训练。

从这一角度而言，理想的写作方式，可以是几条线索同时发展，齐头并进，如术语解释呈现为点状样式，也可以编写出专门的词汇表；如名作解读似贯穿始终的线条状；如对名人名论的分析，对方法的论叙，对原理法则的叙述，就如同面的表达方式。这样学习者在阅读教材时，就如同看蒙太奇镜头一般，可以连续不断，可以跳跃，更可以自己剪辑组

序
PROLOG

合，根据个人的问题或需要产生多种使用方式。

艺术设计教材的编写方法，可以从与其学科性质接近的建筑学教材中得到借鉴，许多教材为我们提供了示范文本与直接启迪。如顾大庆的教材《设计与视知觉》，对有关视觉思维与形式教育问题进行了探讨，在一种缜密的思辨和引证中，提供了一个具有可操作性的教学手册。如贾倍思在教材《型与现代主义》中以“形的构造”为基点，教学程序和由此产生创造性思维的关系是教材的重点，线索由互相关联的三部分同时组成， 即理论、练习与构成原理。如瑞士苏黎世高等理工大学建筑学专业的教材，如同一本教学日志对作业的安排精确到了小时的层次。在具体叙述中，它以现代主义建筑的特征发展作为参照系，对革命性的空间构成作出了详尽的解读，其贡献在于对建筑设计过程的规律性研究及对形体作为设计手段的探索。又如陈志华教授写作于20世纪70年代末的那本著名的《外国建筑史19世纪以前》，已成为这一领域不可逾越的经典之作，我们很难想象在那个资料缺乏而又思想禁锢的时期，居然将一部外国建筑史写得如此炉火纯青，30年来外国建筑史资料大批出现，赴国外留学专攻的学者也不计其数，但人们似乎已无勇气再去试图接近它或进行重写。

我们可以认为，一部教材的编撰，基本上应具备诸如逻辑性、全面性、前瞻性、实验性等几个方面的要求。

逻辑性要求，包括内容的选择与编排具有叙述的合理性，条理清晰，秩序周密，大小概念之间的链接层次分明。虽然一些基本知识可以有多种不同的编排方法，然而不管哪种方法都应结构严谨、自成一体，都应生成一个独特的系统。最终使学习者能够建立起一种知识的网络关系，形成一种线性关系。

全面性要求，包括教材在进行相关理论阐释与知识介绍时，应体现全面性原则。固然教材可以有教师的个人观点，但就内容而言应将各种见解与解读方式，包括自己不同意的观点，包括当时正确而后来被历史证明是错误或过时的理论，都进行尽可能真实的罗列，并同时应考虑到种种理论形成的文化背景与时代语境。

前瞻性要求，包括教材的内容、论析案例、课题作业等都应具有一定的超前性，传授知识领域的前沿发展，而不是过多表述过时与滞后的经验。学生通过阅读与练习，可以使知识产生迁延性，掌握学习的方法，获得可持续发展的动力。同时一部教材发行后往往要使用若干年，虽然可以修订，但基本结构与内容已基本形成。因此，应预见到在若干年以内保持一定的先进性。

实验性要求，包括教材应具有某种不规定性，既成的经验、原理、规则应是一个开放的系统，是一个发展的过程，很多课题并没有确定的唯一解，应给学习者提供多种可能性实验的路径、多元化结果的可能性。问题、知识、方法可以显示出趣味性、戏剧性，能够激发学习者的探求欲望。它留给学习者思考的线索、探索的空间、尝试的可能及方法。

由合肥工业大学出版社出版的《高等院校应用型“十二五”艺术设计教育系列规划教材》，即是在当下对教材编写、出版、发行与应用情况，进行反思与总结而迈出的有力一步，它试图真正使教材成为教学之本，成为课程的本体的主导部分，从而在教材编写的新的起点上去推动艺术教育事业的发展。

邬烈炎
南京艺术学院设计学院院长　教授

前言
FOREWORD

《室内设计》是一门研究室内环境并创造室内环境的学科，本书可作为高等教育、高职教育的环境艺术设计以及相关专业的教材，也可作为各类相关专业学生学习室内设计的教材，或供对室内设计有兴趣的读者、研究人员参考。《室内设计》教学建议96课时。

环境设计是连接精神文明与物质文明的桥梁，人类寄希望于通过"环境设计"来改造世界，创造既符合使用功能需要又满足人们生理和心理需求的理想环境，提高人类生存的生活质量。室内环境设计首先是满足人们的功能需求，这是室内环境设计产生和发展的动力，也是室内环境设计的目的。在人类设计发展的历程中，功能主义其实始终是作为一条主线索贯穿其中。功能主义者主张"形式遵循功能"的原则，认为设计风格和形式的形成直接依赖于人们生活方式的变化，设计等人为事物其形式必然来自功能的结构，而不是功能来自于形式。功能主义虽然有其局限性，在当今，它的主角地位已经被直觉的、感性的、个性化的后现代设计所取代。但是，设计终将不能舍弃满足人们功能需求的第一准则，功能在设计中的决定性的作用是任何人都否认不了的。基于这样的思考，我们在编写这本教材的过程中始终把满足功能需求作为设计的出发点和落脚点，力求使学生在学习期间就能构建起一个较科学的设计观。

在本书的撰写过程中得到多位专家的帮助，书中使用了美国洛杉矶艺术中心设计学院王受之教授和浙江财经学院陈晓任老师拍摄和提供的图片资料，在此一并表示衷心的感谢！

由于种种原因和时间关系，书中定会有诸多不尽人意之处，恳请各位专家、老师多多指正！

詹学军

2014年8月

目录
contents

目录
contents

第一章　概述

学习目标：通过对本章的学习，能完整准确地理解室内设计的概念及其目的，了解室内设计的中外发展史、室内设计的各种风格和流派。

学习重点：注意室内设计与其他相关概念的区别，了解中外室内设计的发展过程。

学习难点：在了解室内设计发展过程的基础上，把握当前室内设计的发展趋势。

我国经济社会的快速发展为室内设计的发展提供了广阔的空间，室内设计作为一门独立学科也获得快速发展。室内设计的概念是什么？室内设计是如何发展起来的？本章将重点阐述室内设计的概念和发展史，使大家在了解室内设计发展历史的基础上，为将来的设计实践打下坚实的基础。

第一节　室内设计的概念和特点

一、室内设计的概念

“室内”，就是指建筑物的内部，或是建筑物内部空间，而“室内设计”即是指对建筑物内部空间的设计。室内设计作为一门综合性很强的学科和专业，其概念和定义从20世纪60年代初开始在世界范围内逐步形成。对“室内设计”含义的理解以及它与建筑设计的关系，许多学者都有不同的见解。

室内设计是一门综合艺术，需要综合把握各种要素，从整体需要出发，处理空间、色彩、材料及内部陈设的关系，涉及建筑学、材料学、工艺学、美学、心理学、行为学、人体工程学等多个领域。因此，室内设计完整准确的概念应该是：室内设计是以建筑物为基础，在一定的空间范围内运用物质手段、技术手段和艺术手段，创造以满足使用者的物质与精神、心理和生理需求的安全、舒适、合理、美观的室内空间环境设计。这一空间环境既具有使用价值，能够满足相应的功能要求，又反映了历史文脉、建筑风格、环境气氛等精神因素，其特征主要体现在从艺术的角度为室内设计的实体、虚体、技术、经济诸方面提供解决美学问题的方案。室内设计也是环境艺术设计的一个重要组成部分。

图 1-1

图 1-2

室内设计的根本目的必须同时满足使用者在物质使用功能和精神享受两方面的需求。室内设计的首要任务是满足使用者在使用功能方面的需求，使用功能（或称物质）上的需求总是第一需求，只有物质上的需求得到了满足之后才有可能去谈精神上的需求。了解设计空间的使用功能，为使用者设计出一个具有良好使用功能的空间，这应当是室内设计的第一原则。当然，室内设计仅仅具备物质功能是不够的，它还需要通过一定的表现形式来满足使用者的审美需求，即需要体现出室内设计的心理功能。这种审美需求往往包括两个方面：一方面按照美学规律创造一种与空间的使用功能相适应的心理气氛，以满足或提高使用者的审美情趣；另一方面根据使用者的文化背景特征和地域特征等因素创造一个能够体现使用者地位和文化素养的室内环境。

图 1-3

二、室内设计与其他相关概念

现代室内设计已经从环境设计学科中独立出来成为一门新兴学科，但是从某种含义上来理解，它仍然无法摆脱建筑设计的制约和影响。两者的关系表现为：建筑设计是室内环境设计的基础，室内设计是建筑设计的继续、深化和发展。它们互为表里、互为依托，但室内设计在研究人们的行为模式、心理因素等方面更为细致和深入。建筑设计则着重于和周围环境的协调相处，根据功能和结构的要求来塑造建筑空间并以空间形态的构建作为设计的最终目标。

很多人把“室内设计”的含义理解成“室内装饰”或“室内装潢”或“室内装修”，这是不准确的。室内设计所含的内容要比室内装饰、室内装潢和室内装修的含义更深更广。装饰和装潢的原意是指“器物或商品外表”的“修饰”，是着重从外表的、视觉艺术的角度来探讨和研究问题。例如对室内地面、墙面、顶棚等各界面的处理或装饰材料的选用，也可能包括对家具、灯具、陈设和小饰品的选用、配置和设计。装修是指对室内环境中的主要界面如地板、墙面、顶棚等进行的修整，如喷涂、贴、包、裱糊等，使之更加完美。其目的是为了保护界面，使界面具有耐水、耐火、防腐、防潮、干净卫生等品质。室内装修着重于工程技术、施工工艺和构造做法等方面。室内装修顾名思义是指土建工程施工完成之后，对室内各个界面、门窗、隔断等最终的装修工程。现代室内设计是综合的室内环境设计，它的内涵比室内装饰、室内装潢、室内装修等要广泛得多。它不仅包括室内装修的工程技术、施工工艺和声、光、热等物理环境的内容，还

图 1-4

图 1-5

包括了室内装饰、室内装潢的视觉艺术方面的内容，同时还有对建筑的空间、社会、经济、文化内涵、氛围、意境等社会和心理环境因素的综合考虑。室内设计涉及的范围已扩展到生活的每一方面，是室内装饰、室内装潢、室内装修概念的继承与发展。

第二节　室内设计发展史

一、国外室内设计发展过程

图 1-6

在古埃及贵族宅邸的遗址中，就发现抹灰墙上绘有彩色竖直条纹，地上铺有草编织物，室内并配有各类家具和生活用品。古埃及卡纳克的阿蒙神庙前的雕塑及庙内石柱上的装饰纹样都极为精美，神庙大柱厅内硕大的石柱群和极为压抑的厅内空间，正是符合古埃及神庙所需的庄严神秘的室内氛围，是神庙的精神功能所需要的。

在建筑艺术和室内装饰方面，古希腊和古罗马已发展到很高的水平。例如，古希腊雅典卫城帕提隆神庙的柱廊（见图1-6），这些柱廊就起到了室内外空间过渡的作用，精心推敲的尺度、比例和石材性能的合理运用，形成了梁、柱、枋的构成体系和具有个性的各类柱式。在古罗马庞贝城的遗址中，从贵族宅邸室内墙面的壁饰，铺地的大理石地面，以及家具、灯饰等加工制作的精细程度来看，当时的室内装饰水平已相当成熟。罗马万神庙室内高旷的、具有公众聚会特征的拱形空间，是公共建筑内中庭设置最早的原型。

欧洲中世纪和文艺复兴以来，哥特式、古典式、巴洛克和洛可可等各类风格的建筑及其室内艺术设计均日臻完美，艺术风格更趋成熟，历代优美的装饰风格和手法，至今仍是我们创作时可供借鉴的源泉。（图1-7）（图 1-8）（图 1-9）

图 1-7

图 1-8

图 1-9

1919 年在德国创建的鲍豪斯学派，倡导重视功能，推进现代工艺技术和新型材料的运用，在建筑和室内设计方面，提出与工业社会相适应的新观念。包豪斯学派的思想与理论在当时产生很大的影响，它强调形式追随功能的重要性，并把空间概念导入设计理论，首次提出了四维空间理论，强调建筑空间与结构功能的合理性，强调机械化大生产对于造型的单纯化要求。法国设计大师柯布西耶也提出了“建筑是居住的机器”和现代建筑设计五原则。至此，功能与形式脱节的室内装饰风格开始衰落，取而代之的是更全面、更完善的现代室内设计。现代室内设计反对从古罗马到洛可可等一系列旧的传统样式，强调功能在设计中的决定作用，注意室内外沟通，力求创造出适应工业时代精神、独具新意的简化装饰，设计简朴、通俗、清新，更接近人们生活。现代室内设计大量使用铁制构件，将玻璃、瓷砖等新工艺，以及铁艺制品、陶艺制品等综合运用于室内，它所包含的内容和传统的室内装饰相比，涉及的面更广，相关的因素更多，内容也更为深入。（图 1–10）

图 1-10

随着社会的发展，现代主义室内设计所表现出的理性简洁的风格已经不能适应时代要求，人们为了突破现代主义，后现代主义应运而生且受到欢迎。后现代主义的各种设计思潮又对室内设计提出了一系列新的设计理念。他们强调建筑的复杂性和矛盾性，反对简单化、模式化，讲求文脉，追求人情味和环境意识的觉醒，崇尚隐喻与象征的手法，大胆地运用装饰和色彩，提倡多样化和多元化（图 1–11）（图

图 1-11

图 1-12

1-12）。后现代主义产生的这些新的设计理念是现代主义的革新和发展，其中较有影响力的有超现实派、解构主义派和装饰艺术派等，他们为室内设计的发展开辟了一条新的道路。

图 1-13

二、国内室内设计的发展过程

在陕西西安的半坡村遗址中发现的方形、圆形居住空间，说明古代先民已考虑按使用需要将室内做出分隔，使入口和火炕的位置布置合理。方形居住空间近门的火炕安排有进风的浅槽，圆形居住空间入口处两侧，也设置了起引导气流作用的矮墙。

在新石器时代的居室遗址里，发现留有修饰精细、坚硬美观的红色烧土地面，即使是原始人穴居的洞窟里，壁面上也已绘有兽形和围猎的图形。也就是说，即使在人类建筑活动的初始阶段，人们就已经开始对“使用和氛围”、“物质和精神”两方面的功能同时给予关注。

商朝的宫室，从出土遗址显示，建筑空间秩序井然，严谨规正，宫室里装饰着朱彩木料，雕饰白石，柱下置有云雷纹的铜盘。及至秦朝的阿房宫和西汉的未央宫，虽然宫室建筑已荡然无存，但从文献的记载、出土的瓦当、器皿等实物的制作，以及墓室石刻精美的窗棂、栏杆的装饰纹样来看，毋庸置疑，当时的室内装饰已经相当精细和华丽。

我国清代名人笠翁李渔对我国传统建筑室内装饰的构思立意、对室内装修的要领和做法，都有极为深刻的见解。在专著《一家言·居室器玩部》的居室篇中李渔论述：“盖居室之前，贵精不贵丽，贵新奇大雅，不贵纤巧烂漫”；“窗棂以明透为先，栏杆以玲珑为主，然此皆属第二义，其首重者，止在一字之坚，坚而后论工拙”。其对室内设计和装修的构思立意有独到和精辟的见解。

自改革开放以来，我国室内设计也逐步得到重视，走过了一条从借鉴临摹到吸收创新的道路。如今我国的很多室内设计作品科技含量比较高，使用新材料，采用新工艺，创造了室内新的界面造型和空间形态，

图 1-14

图 1-15

达到较佳的声、光、色、质的匹配和较佳的线、面空间组合及空间形态，给人耳目一新的感受，具有鲜明的时代感。但是总的来说，我国的室内设计水平目前还落后于发达国家，特别是创新能力不足。这就需要未来的室内设计师在发扬我国传统文化的基础上，大力创新，提高我国的室内设计水平。

三、室内设计未来发展方向

随着社会的发展和时代的进步，现代室内设计具有下列的发展趋势：

1. 从总体上看，室内环境设计学科的相对独立性日益增强；同时，与多学科、边缘学科的联系和结合趋势也日益明显。现代室内设计除了仍以建筑设计作为学科发展的基础外，工艺美术和工业设计的一些观念、思考及工作方法也日益在室内设计中显示其作用。

2. 室内设计的发展，适应于当今社会发展的特点，趋向于多元化。室内设计由于使用对象的不同、建筑功能和投资标准的差异，明显地呈现出多元化的发展趋势。但需要着重指出的是，不同层次，不同风格的现代室内设计都将更为重视人们在室内空间中精神因素的需要和环境的文化内涵。

3. 专业设计进一步深化和规范化的同时，业主及大众的参与势头也将有所加强。这是因为室内空间环境的创造总是离不开生活和生产，离不开活动于生活和生产其间的使用者。满足使用者的切身需求，才能使设计贴近生活，才能使使用功能更具实效，更为完善。

4. 设计、施工、材料、设施、设备之间的协调和配套关系加强，上述各部分自身的规范化进程进一步完善。

5. 从可持续发展的宏观要求出发，室内设计将更为重视防止环境污染的“绿色装饰材料”的运用，考虑节能与节省室内空间，创造有利于身心健康的室内环境。

图 1-16

图 1-17

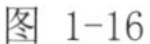

第三节　室内设计的风格与流派

室内设计的风格与流派属室内环境中精神功能的范畴，并以一定的艺术形式加以表现，它的语言往往与建筑、家具的风格紧密结合，或受同时期的文学、绘画、音乐等艺术所体现的风格的影响。流派原指学术、文艺方面的派别，这里是指室内设计的艺术派别。现代室内设计流派相当多，较有影响的就有高技派、光亮派、白色派、风格派、超现实派、解构主义派（见图 1–18）和装饰艺术派等，这一切正是现代艺术思潮动荡不定的表现，在室内设计发展过程中，这种表现也是必然会存在的。学习了解室内设计各流派的目的是为了更好地了解室内设计发展的历史，在总结过去室内设计的基础上创新，并从室内设计流派的比较和鉴别中探求掌握室内设计的正确方法。

图 1-18

室内设计的风格是和当地的人文因素和自然条件密切相关的，由不同的时代思潮和地区特点等外部因素通过创作构思和表现，逐渐发展成为具有代表性的室内设计形式。室内设计的风格主要有以下几种:

一、传统风格

传统风格的室内设计，是指在室内布置、线形、色调以及家具、陈设的造型等方面，吸取传统装饰“形”、“神”的特征。例如吸取我国传统木构架建筑室内的藻井天棚、挂落、雀替的构成和装饰，或具有明、清家具的造型和款式特征；又如西方传统风格中仿罗马风格、哥特式、文艺复兴式、巴洛克、洛可可、古典

图 1-19

图 1-20

图 1-21

图 1-22

图 1-23

主义等，还有如仿英国维多利亚式或法国路易式的室内装潢和家具款式等。此外，还有日本传统风格、印度传统风格、伊斯兰传统风格、北非城堡风格等等。传统风格常给人们以历史延续和地域文脉的感受，它使室内环境突出了民族文化渊源的形象特征。

二、乡土和自然风格

乡土和自然风格的室内设计在家居装修中主要表现为尊重民间的传统习惯、风土人情，保持民间特色，注意运用地方建筑材料或利用当地的传说故事等作为装饰的主题（图 1–23）。这样可使室内景观丰富多彩，妙趣横生。例如采用不加粉刷的砖墙面，将粗犷的木纹刻意外露于室内。乡土和自然风格的室内设计推崇“自然美”，认为只有崇尚自然，结合自然，才能在当今高科技、高节奏的社会生活中，使人们的生理和心理得到平衡。

图 1-24

三、现代风格

现代风格起源于 1919 年成立的鲍豪斯学派，由于当时的历史背景，该学派强调突破旧传统，创造新建筑，重视功能和空间组织，注意发挥结构构成本身的形式美，造型简洁，反对多余装饰，崇尚合理的构成工艺，尊重材料的性能，讲究材料自身的质地和色彩的配置效果，发展了非传统的以功能布局为依据的不对称构图手法。鲍豪斯学派重视实际的工艺制作，强调设计与工业生产的联系。（图 1–25）

鲍豪斯学派的创始人 W. 格罗皮乌斯对现代建筑的观点是非常鲜明的，他认为“美的观念随着思想和技术的进步而改变”。“建筑没有终极，只有不断的变革”。“在建筑表现中不能抹杀现代建筑技术，建

图 1-25

图 1-26

图 1-27

图 1-28

图 1-29

筑表现要应用前所未有的形象”。当时杰出的代表人物还有 Le. 柯布西耶和密斯・凡・德・罗等。广义的现代风格也可泛指造型简洁新颖，具有当今时代感的建筑形象和室内环境。（图 1–26）

四、后现代风格

“后现代主义”一词最早出现在西班牙作家德・奥尼斯 1934 年撰写的《西班牙与西班牙语类诗选》一书中，用来描述现代主义内部发生的逆动，特别强调有一种现代主义纯理性的逆反心理，即为后现代风格。20 世纪 50 年代美国在所谓现代主义衰落的情况下，逐渐形成后现代主义的文化思潮。受 60 年代兴起的大众艺术的影响，后现代风格是对现代风格中纯理性主义倾向的批判。后现代风格强调建筑及室内装潢应具有历史的延续性，但又不拘泥于传统的逻辑思维方式，探索创新造型手法，讲究人情味，常在室内设置夸张、变形的柱式和断裂的拱券，或把古典构件的抽象形式以新的手法组合在一起，即采用非传统的混合、叠加、错位、裂变等手法和象征、隐喻等手段，以期创造一种融感性与理性、集传统与现代、揉大众与行家于一体，即“亦此亦彼”的建筑形象与室内环境（见图 1–27）。对后现代风格不能仅仅以所看到的视觉形象来评价，需要我们透过形象从设计思想来分析。后现代风格的代表人物有 P. 约翰逊、R. 文丘里、M. 格雷夫斯等。

课后习题：

1. 简述室内设计的含义和作用。
2. 简述室内设计和建筑设计、环境设计的区别和联系。
3. 了解中外设计史的发展过程，结合实际谈谈你如何看待国内现代室内设计的发展。
4. 简述室内设计未来的几种发展趋势，结合实际谈谈自己对未来室内设计发展方向的预测。

第二章　室内设计内容

学习目标：基本了解室内设计的空间设计、装修、陈设、物理环境设计等内容。

学习重点：室内设计的内容、室内设计的依据。

学习难点：空间设计的理解、室内设计中人体工程学要求。

现代室内设计的内容很广，室内设计究竟包括哪些内容？室内设计是如何分类的？室内设计的依据又是什么？本章主要介绍室内设计的基本内容，室内设计的分类和依据。

第一节　室内设计的内容

室内设计主要包括空间设计、界面装修设计、陈设设计、物理环境设计等内容。室内设计的内容涉及面大，相关因素多。作为设计人员，不但要考虑室内设计的视觉效果，还要考虑采光、隔声、保温隔热、造价、材料、施工、防火、空调等因素对室内设计的影响。随着科技的发展与社会生活水平的提高，还会有许多新因素不断丰富室内设计的内容。

一、室内空间设计

室内空间设计是根据现有建筑空间的使用性质和所在的周围环境，运用物质技术手段和艺术处理手法，从内部把握空间，设计其形状和大小。室内空间设计主要是依据现代社会的物质条件、人的精神需求和施工技术的合理性等要求进行设计。室内空间设计就是要对建筑物的总体布局、建筑物的使用功能、建筑物内部的人流动向以及建筑物自身结构体系等有深入的了解，在室内设计时对室内空间和平面布局予以完善、调整或再创造，也就是对室内空间的细化。室内空间设计是室内设计的一个重要方面，优秀的室内空间设计不但能给人带来良好的生活环境，而且能给人以愉悦的心理感受。（图 2-1，图 2-2）

图 2-1

图 2-2

二、室内界面装修设计

室内界面装修主要是指土建施工完成之后，对室内六大界面、门窗、隔断等最终的装修处理，也就是对通常所说的天花、墙面、地面的处理，以及分割空间的实体、半实体等内部界面的处理，在条件允许的情况下也可以对建筑界面本身进行处理。在整个界面装修设计的过程中，注重设计的功能性、审美性、工艺性、统一性、整体性是装修设计的基本原则。室内界面装修设计是功能性原则和审美性原则的统一体，一味地强调功能高于一切的“功能主义”的说法或是为了追求某种风格而无端的、盲目的添枝加叶的“形式主义”设计都不是成功的室内装修设计。如图2-3体现了功能和形式的统一，既实用，又美观。室内装修设计在很多时候延伸到室外，有时要把室内的装修风格和室外的装修风格结合起来进行设计。

三、室内陈设设计

室内陈设设计包括家具、室内织物设计、室内装饰艺术品设计等。家具通过与人相适应的尺度和优美的造型样式，成为室内空间与人之间的一种媒介性过渡要素。家具的设计和摆放是室内陈设设计的最主要内容。室内织物设计是指室内纺织品的选择和使用。室内织物大致包括地毯、沙发套、椅垫、壁毯、贴布、窗帘、床上用品等。室内装饰品也称为摆设品，其范围极为广泛，主要有艺术品、工艺品、观赏植物、书籍、音乐器材、运动器材等。室内装饰艺术品的主要作用是打破室内单调呆板的气氛，给室内增添动感和节奏感，加强室内空间的视觉效果。

室内绿化也是室内陈设设计的一个方面。大自然是人类生存的环境，虽然社会在不断进步，但人们对大自然的渴望却从来没有停止过。室内空间中若有绿色植物的点缀则能提高室内的气氛，使人们在室内也能感受到绿色带来的愉悦气息。

图 2-3

四、物理环境设计

物理环境设计主要是对室内光线以及人的体感气候——采暖、通风、温度调节等方面的设计处理，是现代设计中极为重要的方面，也是体现设计的“以人为本”和“绿色设计”思想的组成部分。随着时代的发展，人工环境人性化的设计和营造就成了衡量室内环境质量的重要标准。这就要求设计人员要研究设计室内的安全性、保健性、便利性、经济性。室内物理环境的内容涉及光、声、隔热保暖以及通风设计等诸多领域，对其进行设计、改造，将有利于创造一个审美价值高、生活质量好的室内环境，光线在室内还起到了烘托气氛的艺术效果。（图2-7，图2-9）

图 2-4

图 2-5

图 2-6

图 2-7

图 2-8

图 2-9

第二节　室内设计的依据

一、室内设计的人体工程学

室内设计的人体工程学就是研究人体基本尺度及人的心理特征、生活特征、工作特征及运动特征等对室内基本空间的尺度要求和心理要求，以设计寻求人与室内环境之间的和谐关系，其最终目的是安全、健康、科学、高效和舒适地取得最佳的使用效果。

二、室内空间装饰物的尺寸及安置范围

室内空间的家具、灯具、空调、热水器、饰品等的尺寸及安置范围是室内平面布置的重要依据。在有些室内环境中，室内绿化和点缀小品等所占的空间尺寸，也应成为组织、分隔室内空间的依据条件。

三、室内空间的结构、设施管线的尺寸和制约条件

室内空间的本身结构、水电管线的走向和铺设要求 、通风管的断面尺寸等都是组织室内空间时所必须要考虑的因素。室内设计还要考虑其他工种的要求，例如中央空调的风管设置、计算机房的电缆铺设等。

四、材料的供应情况和可行的施工工艺

要选择在当地市场上可以购买到的材料，防止设计完成后根本无法施工。采用现实可行的施工工艺也要在设计开始时就要考虑到，以保证设计的最后实施。

五、投资限额和工程施工期限

具体而明确的投资限额和时间概念，是一切工程设计的重要前提。投资的多少在很大程度上也决定室内装修档次的高低，这也是室内设计的一个重要依据。工程施工期限的长短也将导致设计中不同的装饰材料的施工工艺。另外，国家的有关规范（防火、卫生、环保等）也是室内设计的依据文件。

第三节　室内设计的分类

室内设计的类别按照建筑性质和使用功能来分，可大体分为三大类：居住空间室内设计、限定性公共空间室内设计及非限定性公共空间室内设计。

1. 居住空间室内设计主要指住宅、各式公寓以及集体宿舍等居住空间的设计。

2. 限定性公共空间室内设计主要指学校、幼儿园、办公楼以及教堂等建筑的内部空间设计。

3. 非限定性公共空间室内设计主要是指旅馆饭店、影剧院、娱乐场所、展览场所、图书馆、体育馆、火车站、航站楼、商店以及综合商业设施的设计等。

总之，室内设计所包含的专业内容涵盖面广，如何通过设计协调处理好各个因素之间的关系，这就要求室内设计师必须具有高度的艺术修养，掌握现代科技与材料、工艺知识，并具有解决和处理实际问题的能力。

图 2-10

课后习题：

1. 室内设计的内容概括地说有哪些？你怎样看待它们之间的关系？
2. 本章阐述了室内设计依据的五个方面，它们的内在关系是怎样的？
3. 搜集有关人体工程学的资料，谈谈为什么人体工程学在室内设计中如此重要？

第三章　室内设计原理

学习目标：深刻理解功能和形式之间的关系，掌握色彩的属性、材料的搭配原则，能把形式美原则应用到设计实践中。

学习重点：使用功能与形式，形式美法则。

学习难点：形式美法则的理解和应用，装饰材料的选择。

室内设计的本质是功能与审美的结合。那么功能如何同审美结合起来？什么是形式美法则？如何把形式美法则应用到设计中？作为技能全面的设计师，应该如何掌握室内设计的原理，并在设计中体现出来将是这一章我们主要要解决的问题。

第一节　功能和形式

室内设计是为了满足人们使用空间环境要求的设计。室内环境的功能发挥如何，是对该室内设计评价的基本准则。在现代设计发展的历程中，功能始终作为一条主线索贯穿其中，设计终将不能舍弃“满足人们功能需求”的第一准则。芝加哥学派建筑大师路易斯·沙利文（L. Sullivan，1846—1924）明确提出了“形式追随功能”的观点。功能主义认为建筑风格和形式的形成直接依赖于人们生活方式的变化及设计等人为事物，其形式必然来自功能的结构，而不是功能来自于形式。我国古代哲人早就给出了较合理的重视功能的设计标准，即“象以载器，器以象制”。虽然功能主义有其局限性，后现代主义也对其进行了新的审视和反思，但从本质上说，功能主义设计的内核是不可能完全被抛弃的。对于功能在设计中的重要性这一点人们在今天已经达成共识。

建筑最早、最基本的功能就是居住。居住功能只是满足了人们生存的需要，而人的需求是多方面的。对美的追求一直是人类永恒的话题，在建筑满足居住的前提下，对室内的美化就成了重要的内容。能够满足人情感需要的事物就会引起人们积极的态度，使人产生肯定的情感，如愉快、满意、喜欢等等，反之就会引起相反的态度。建筑也需要用优美的形式来满足人的情感需要。一项优秀的室内设计作品只有创造出具有个性特色的优美室内环境才能满足使用者的审美需求。

室内设计在考虑使用功能要求的同时，还必须考虑形式美的要求。使用功能与形式美的要求是室内设计中相辅相成的两个部分，缺一不可。只有协调好功能与形式的关系，才可能创造一个舒适美观的室内环境。图 3-1 简洁的扶手设计，既美观，又有很实用的功能。现代社会中，人们的工作与生活节奏越来越快，一个优美的室内环境对人们的精神需求显得尤为重要。充足的光线、清新的空气、安静的生活氛围、

图 3-1

图 3-2

和谐的室内色彩都会给人们带来愉悦的精神享受（图 3–2，图 3–3）。不仅如此，室内设计的形式因素有时还直接影响到人们的意志和行为。在一些公共建筑中，如政府机构、纪念馆等，庄严、气派的室内设计对人们增强民族自信心、自豪感起到了不可忽视的作用。富丽堂皇的装饰，雄伟、博大的室内氛围都直接冲击着人们的情感。

图 3-3

第二节　形式美法则

美的形式是指美的内容显现为具体形象的内部结构与外部形态，也就是美的内容的存在方式，是造型对象按一定的法则组合而体现出来的审美特征。美的形式自古以来就一直为艺术家和设计家所探讨，人类在进行探索过程中发现，在自然界和艺术中存在着相对规律性的一些原理成为了人们共识的形式法则，这就是形式美法则。形式美法则是人们在审美活动中对现实中许多美的形式的概括反映。这些形式美法则可以归纳为以下几个方面：

一、变化与统一

变化与统一也称多样与统一，是形式美的总法则，也是形式美法则的高级形式。多样统一是指形式组合的各部分之间要有一个共同的结构形式与节奏韵律。著名美学家费希诺指出：“一个对象给人以快感，它就必须具有统一的多样性。”对立统一是对自然美和艺术美的不同形态加以概括和提炼的产物，是客观规律性的反映和人类主观目的的要求。

建筑内部空间本身就具有多样化的布局，设计师的重要职责是把那些不可避免的多元化空间的形状与样式组成协调统一的整体。（图 3–4）

二、对称与均衡

对称是人类最早掌握的形式美法则。动态均衡是指不等量形态的非对称形式，是不以中轴来配置的另一种形式格局。较之于对称在心理上的严谨与理性，动态的均衡在心理上则偏于灵活与感性，具有动感（见图 3–7）。均衡又可称为平衡。均衡有两种基本形式：一种是静态的均衡；另一种是动态的均衡。静态的

图 3-4　　图 3-5

图 3-6

图 3-7

均衡即我们常说的对称，它体现出了一种严格的对应制约关系，能给人以秩序、安静、稳定、庄重等心理感受。

室内视觉造型有许多对称形式，也常常运用动态的非对称形式法则来增强引人入胜的效果。一个轴线两侧的形状以等量、等形、等距、反向的条件相互对应的方式存在，这是最直观、最单纯、最典型的对称。例如图 3-8，就是通过对称的方式，表现了中国文化中的传统观念。

图 3-8

在室内设计的各要素中，各种物体的布置关系上的平衡问题，主要是指人们在视觉中所获得的平衡感。因为在视觉形式上，由于不同的造型、色彩和材质等要素，会引起不同的重量感觉。如果这些重量感觉能够保持一种不偏不倚的安定状态就会产生平衡的效果。在室内设计中使用静态的均衡方式，就是指画面中心点两边或四周的形态及位置完全相同，比如在客厅中间放置一张沙发，两边相对位置上摆放两个相同大小的花瓶。在空间的界面上均匀地绘制一组图案也是一种对称平衡的处理方式。以对称平衡出现的室内环境，会给人以稳重和安定的感觉，但同时这种方式往往又会使人觉得不活泼。

动态的均衡是两个相对的不同部分，因其在数量、体积上给人的视觉冲击效果而使人觉得这两部分相似从而形成的一种平衡现象。如在客厅中央放置的沙发的左边摆放一盏台灯，而它的右边是一些绿色植物盆栽，若两者的量感体感相差无几，则可以形成非对称平衡的效果。非对称平衡的平衡效果较为生动，所取得的视觉效果灵活而富于变化，是室内装饰中常用的布置与摆设的方法。

三、节奏与韵律

节奏是指静态形式在视觉上所引起的律动效果，是有秩序的连续，有规律的反复。最单纯的节奏变化是以相同或相似的形、色为单元作规律性的重复组织或排列组合。空间视觉造型中重复形式运用十分广泛，通常有平面与立体两种形式：平面的形、色有固定性，也不因视线的流动产生太大的变化；而立体的形、色变化较为自由，视觉上也较为活跃。可以这样理解，室内环境中的空间、色调、光线等形式要素，在组织上合乎某种规律时，在我们的视觉上和心理上即产生节奏感。例如图 3-9，桥的钢结构连续的、有规则的组合形成了节奏感。

图 3-9

韵律指在音乐中的一种听觉的感受，但在视觉上也有一种韵律感，因为视线在一组有韵律的构成上所作的时间运动，同样会使之享受到节奏感和韵律感。如对称、反复、渐变等都是节奏感很强的构成形式，它由构成形式的间隔、大小、强弱的循环不一，视线节奏的快慢，使饰面产生丰富的韵律感，进而达到美的感受。亚里士多德认为：爱好节奏和谐之类的美的形式是人类生来就具有的自然倾向，例如图 3-10，拉索桥的有节奏的变化形成了韵律。

节奏是韵律形式的纯化，韵律是节奏形式的深化，韵律不是简单的重复，它是具有一定变化规律的相互交替。节奏富于理性，而韵律则富于感性。韵律有极强的形式感染力，能在空间中造成抑扬顿挫的变化，渐强、渐弱、渐大、渐小的韵律能打破单调沉闷，令人顿生情趣，从而满足人们的精神享受。在室内装饰中，适度运用韵律的原理，使静态的空间产生微妙的律动感觉，才能打破沉闷的气氛而制造生动的感受。

四、比例和尺度

比例是物体和物体之间，以及平面布置上的有关数量（如长短、大小、粗细、厚薄和轻重等）在互相搭配后产生的客观尺寸关系。部分与部分之间，部分与整体之间，整体的纵向与横向之间等相互之间尺寸数量间的变化对照，都存在着比例。适度的尺寸数量的变化可以产生美感。比例的组成往往与“数”相关联，数学上的等差数列、等比数列和黄金比例等都是常用的优美比例。在室内装饰中，几乎所有的问题均与比例有关，同是室内装饰中的比例问题往往有平面上的比例、物体本身的比例、物体与物体之间的比例、物体与室内空间的比例问题等（见图 3-11）。除此之外，如何运用比例原理，以获取最美的位置、造型或结构，如何利用不同的比例以制造错觉效果，如何将面积或体积不同的造型和色彩等要素做成完美的比例组织都是设计者需要仔细考虑的问题。

图 3-10

图 3-11

在室内装饰中，从空间的结构、家具的搭配到细部的组织，皆必须注重比例问题。但合不合比例，是否大小相宜、长短适合、厚薄得当、相互协调，并无具体的公式依据，往往要通过日常生活实践与工作经验来判断。（图 3–12）

五、对比与和谐

对比是指造型中包含着相对的或矛盾的要素，是构成要素的区别与分离，是差异性的强调，构成要素的互比互衬可以用来强化体量感、虚实感和方向感的表现力。造型有形、色、质的对比，如直线与曲线、圆形与方形、动态与静态、明与暗、大与小、虚与实等均可构成对比，使空间充满活力动感，扣人心弦。两个物体在同一因素差异程度比较大的条件下才会产生对比，差异程度小则表现为协调。对比强调差别，以达到相互衬托、彼此作用的目的。和谐是相同或相似的要素在一起，是近似性的强调，能满足人们潜在的心理对秩序的追求，是指在造型、色彩和材质各方面相互调和、协调一致和融洽，强调共性，使其形成主调，从而产生完整统一的视觉效果。造型的和谐是指在一个室内空间或一个立面上，造型的风格与形式要统一协调（见图 3–14）。造型不统一的室内环境往往会给人以杂乱不和谐的感觉。色彩的和谐是指空间中各种色彩要相互协调，要遵循一定的秩序来分布。色彩效果取决于不同颜色之间的相互关系，同一颜色在不同的背景条件下，其色彩效果也可以迥然不同。正确处理好各种色彩之间的关系，是室内色彩和谐的保证（见图 3–15）。材质的和谐是指在一个室内空间内，所用的材质不可过多。现代的新型材质之间搭配，古典自然的材质之间搭配都可和谐，

图 3-12

图 3-13

图 3-14

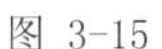
图 3-15

图 3-16

而新型材料与古典自然的材质相互搭配，往往就不和谐，如不锈钢线条装饰在红木家具上，聚酯油漆桌配上原木纹色椅子，这些会产生两种材料质感的不和谐。如图中红色的木质和黄色金属形成很好的对比。（见图 3–17）

室内装饰中不仅要求饰面中的和谐，而且要求整个室内空间的和谐。无论是建筑结构与家具之间、家具与摆设品之间还是家具与家具之间，都应该组成一个和谐的整体。对比与调和要相辅相成，过分的对比会造成刺激和不安定，而过分的调和又会造成平庸、单调，所以在视觉造型中必须注意把握对比与调和的适度。

图 3-17

第三节　色彩和材质

一、色彩的属性、效能和色彩的使用原则

1. 色彩的属性

由于人们对色彩的认识及对色彩功能的了解日益加深，所以越来越多的人开始重视色彩对室内环境设计的影响。有经验的设计师十分注重利用色彩影响人的心理与视觉感受，创造富有个性与情调的室内环境。要理解和运用色彩，必须掌握色彩归纳整理的原则和方法。而其中最主要的是掌握色彩的属性。色彩的色相、明度和纯度是色彩的基本属性。

（1）色相

色相是指色彩相貌的名称，人们通常把色彩分为赤、橙、黄、绿、青、紫六种标准色及另外六种间色，即赤橙、黄橙、黄绿、青绿、青紫、红紫。由这 12 种色彩的相互调配和其明暗的增减，又可以得出很多其他的色相，据科学家的研究约在 200 万种以上，仅用眼就能辨认的约有 160 种。

（2）明度

明度也称亮度，就是色彩的明亮程度，由明到暗，差别很大。由白色到黑色，也有很多变化，这种色彩明暗变化的层次称为色阶。明度在色彩的三元素中，具有比较强的个性，色相与纯度都要依靠明度来展

现自己。明度还具有强烈的对比性，如明暗对比，渐变与突变等。

（3）纯度

纯度亦称色度，是色彩的饱和程度。色相越纯，其鲜明度越高（不加白色，不加黑色）。正达饱和状态就是标准色，也叫正色。通常以日光光谱的六色为标准色，而颜料的色彩由于提纯中存在杂质问题，其纯度不能与光谱标准色相比。纯度只是相对而言，没有绝对纯的色。

2. 色彩的效能

（1）色彩的物理效应：色彩通过视觉器官被人们感知后，可以产生多种作用和效应。所谓色彩的物理效应就是各种颜色对物体的冷暖、远近、轻重、大小等物理属性在视觉上的反应。色彩的物理效应在室内设计中起到积极的作用。

（2）色彩的生理和心理反应：色彩有着丰富的含义和象征，人们对不同的色彩表现出不同的好恶，这种心理反应常常是由人们的生活经验及由色彩引起的联想造成的，同时也与人的年龄、性格、素养、民族、习惯分不开。因此，在进行室内设计时，一定不能忽略色彩对人心理产生的影响。

3. 室内环境中色彩的使用原则

在室内环境中色彩设计要遵循一些基本的原则，这些原则可以更好地使色彩服务于整体的空间设计，从而达到最好的境界。

（1）统一的原则：室内设计的色彩要统一，这主要是指主色调的协调统一，即色彩的三要素——色相、明度和纯度之间要靠近，从而产生统一和谐的感受。但是在强调统一的同时，一定要避免平淡与单调。因此，室内设计中的色彩统一是指对比中的统一与和谐。（见图 3-18）

（2）符合情感规律：室内设计中色彩的运用要符合情感规律，不能忽略色彩对人类情感的影响。我们知道，不同的色彩会给人心理带来不同的感觉，所以在确定居室与饰物的色彩时要考虑人们的情感规律。

（3）满足功能需求：室内设计中的色彩必须符合空间构图的需要，充分发挥室内色彩对空间的美化作用，正确处理协调和对比、统一与变化、主体与背景的关系。在进行室内设计时，首先确定空间色彩的主色调，然后再确定其他色彩的选择。（图 3-19）

图 3-18

图 3-19

二、材料的选择和搭配

一般来说，选择装饰材料，重在合理配置，充分运用材料的装饰性，以体现地方特色、民族传统、个人风格和现代新材料、新技术的魅力。因此，选饰材应注意以下几个原则：

1. 满足使用功能

根据建筑物和房间的不同使用性质来选装饰材料。如用于厕所、卫生间的装饰材料应防水、易清洁；厨房用的装饰材料要易擦洗、耐脏、防火，尤其是地面和墙面不应有凸凹不平的花纹图案，所以不宜选用纸质或布质的装饰材料；用于起居室地面的材料则应耐磨、隔声。

2. 符合审美的要求

装饰材料的选择搭配必须满足装饰美化的要求，符合审美情趣，设计者可以从饰材的质感、线型和色彩上加以把握。一般情况下用于大厅饰面的材料质感可以粗犷厚重一些，而用于卧室、会客室饰面的材料质感可以相对柔软一些，这样会使人觉得温暖亲切些。线型图案：较小空间里的材料图案可以选用小型、线条细的，而空间较大的房间内的饰面图案可以大些，线型可以粗些，体现“以小见小，以大见大”的原则，如图 3-20，较大的浮雕配在大面积的厅堂里显得很大气。色彩选择可以从以下几个方面考虑：首先考虑空间的性质。不同的色彩给人的心理感觉不同。如浅蓝、浅绿、白色等冷色调给人以宁静、平静、心情放松的感觉，它们可以用于卧室、病房、休息厅等环境中；淡黄、红等系列的暖色调可使人胃口大开，也使人觉得活泼欢快，所以可以用于餐厅、饭店等饮食环境（见图 3-21）。宽敞的房间，宜采用深色调并配以较大的图案，以免除空旷而显得亲切；小房间的墙面，可选用淡色调来扩伸空间。总之，室内颜色的搭配，应遵循“头”轻“脚”重的原则，即由顶棚、墙面到墙裙和地面的色彩应为上明下暗，给人以高度舒适感。

其次，应考虑使用空间的人。不同年龄、性别、文化修养、经济水平的人，爱好也不相同，对色彩的选择搭配也相差甚远。如老年人喜欢古香古色的深色调，有一定文化的品位再配上一些字画，摆上几个青花瓷器，使屋里显得古韵十足，年轻人房间的颜色可鲜亮一些，儿童生活、学习的地方颜色应清新活泼。

最后，色彩选择搭配上还应注意地方特色及民族风格。南方气候温和，宜选用浅色调，使人觉得清凉，北方气候寒冷，应选用深色调（即暖色）给人以温暖的感觉，少数民族地区，在色彩选择上应考虑传统的民族风格和宗教习俗等。

图 3-20

图 3-21

图 3-22

3. 其他方面

材料的选择和搭配还要考虑主次关系。在材料的组合中必须处理好色彩、纹理、质地这几个因素的关系，坚持变化统一的原则，以一个因素为主。如果在色彩上有了变化和对比，那么在纹理、质地等方面就不能有更多的变化和对比，应避免杂乱无章的效果。如图 3-25，粗糙的砖墙和光滑的木地板地面形成了对比，而它们在色彩上就没有过多的变化，整个空间显得协调统一。

装饰材料的选用要具有多样性和耐久性。从经济角度考虑，装饰材料的选择，应有一个总体观念，即不但要考虑到一次性投资的多少，更应考虑到维修费用，保证整体上的经济合理。针对饰面处理的目的性，应以满足装饰功能为主，再兼顾其他功能。

图 3-23

图 3-24

图 3-25

图 3-26

课后习题：

1. 室内设计中的功能如何划分？概述各种不同功能的区别和联系。

2. 把握色彩属性、效能和色彩的使用原则，举例说明色彩属性对人生理和心理各方面的影响。

3. 根据你对色彩属性的认识，用冷暖两种色调手绘两张装饰画，对比一下不同的色彩给人带来的不同精神感受。

4. 什么是形式美的原则？为什么形式美原则在室内设计中占有十分重要的地位？结合实际说明。

5. 课后查阅一些室内设计的优秀作品，体会一下变化与统一、对称与均衡、节奏与韵律、对比与和谐在各个室内空间的表现，并分别用文字来说明这些室内设计所体现的特点。

第四章　室内设计的方法及程序

学习目标： 理解和分析室内设计五个阶段的内容；按照室内设计五个阶段的方法和程序对建筑物内部进行合理的设计。

学习重点： 在设计准备阶段，调查研究的重要性及应遵循的勘察原则；掌握方案设计的四个阶段。

学习难点： 方案设计阶段的分析与综合，找出设计的限定因素。

室内设计是一个综合、复杂的系统工作，是一个理性思考与有条理的工作过程。与任何解决复杂问题的活动一样，整个室内设计活动可以分解为一个个的步骤、程序来完成。根据设计工作的进程和设计思维的过程，我们通常把室内设计的步骤、程序分为五个阶段，即设计准备阶段、设计的分析和定位阶段、方案设计阶段、施工图设计阶段、方案实施阶段。

第一节　设计前期准备

一、接受任务

接受任务主要是指接受委托任务书，签订合同，或者根据标书要求参加投标。明确设计期限并制定设计计划进度安排，考虑各有关工种的配合与协调；明确设计任务和要求，如室内设计任务的使用性质、功能特点、设计规模、等级标准、总造价，根据任务的使用性质所需创造的室内环境氛围、文化内涵或艺术风格等；熟悉设计有关的规范和定额标准。

二、搜集信息

搜集分析必要的资料和信息，包括对现场的调查踏勘以及对同类型实例的参观等。在签订合同或制定投标文件时，还包括设计进度安排，设计费率标准，即室内设计收取业主设计费占室内装饰总投入资金的百分比。

三、调查研究

设计者对所要设计的环境做实际的勘察是设计者获得各项资料的最好的方式。要做出令人信服的、科学合理的设计，必须重视现场勘察的问题。勘察的准确与否直接影响到以后设计工作的开展。图纸的空间想象和人们对实际的空间感受差别很大，对实地的考察和详细测量有助于缩小设计与实际效果的差距。设计者在对室内环境做勘察的时候，除了对空间的位置、周边环境作记录之外，最重要的

图 4-1

图 4-2

一项工作就是对室内建筑各因素的位置、尺度做出详细的了解和记录。对空间的记录主要包括空间的开间、柱梁的位置、门窗的位置、配套设施的位置等。设计者对室内位置、尺度的勘察应遵循先主要、后次要，先整体、后局部的勘察原则。一般情况应从室内入口位置或柱身位置开始度量，在记录室内的尺度时应要做到尽可能的完整，对室内位置的每一个细节都要有详细标注，对室内环境的其他资料，比如建筑现状、建筑缺陷、外部景观等要做深入了解，必要时要进行文字记录。

第二节　设计的分析和定位

一、设计的分析

1. 功能的分析

现代设计在空间设计中反对烦琐的形式和传统的古板模式，主张用理性的、功能的思想来进行设计。柯布西耶还为“适合人生活、居住的合理空间”进行人机工学的研究，功能成为设计的出发点和设计的落脚点。在整个室内设计过程中，功能的分析其实就是分析使用人的需求，人的需求包括物质的使用需求和精神的情感需求两个层面。能够充分了解并认真分析业主的需求，是设计能够最终顺利完成的关键。业主的使用需求会影响我们后期的室内空间的定位，而他们的情感需求则直接关系到室内的形式定位和陈设定位。关于业主的使用需求，设计者首先需要分析业主或者室内环境的使用者的人数、性别和年龄阶层、健康状况等。使用者的性别、年龄阶段对空间的使用要求也是不同的。其次，设计者需要分析业主或使用者的活动方式，从方案分析的角度来说，活动方式是指使用者进行的各项活动。这个定义包括各种工作、生活或娱乐习惯，各种交际活动，也包括进行这些活动的空间场所等内容。使用者使用空间的活动方式不同决定了设计方式的不同。对使用者的活动方式的分析，可以了解使用者对空间环境的期望与价值观，这是设计者在进行设计分析时不可忽视的一个因素。最后，设计者需要分析业主的情感需求。业主的情感需求包括业主的喜好、品位和主观愿望等。业主的情感需求直接关系到形式定位和陈设定位时室内色彩的选择、材质的选择、风格的选择、家具的选择等等。深入到业主的生活或工作环境中观察是一个不错的方法，设计者可以通过自己的观察去发现往往连业主自己都没有注意到的一些主观上的偏好和需求。

图 4-3

图 4-4

2. 环境分析

（1）自然环境分析：自然环境分析是指设计者对室内设计所涉及的诸多客观要素进行初步了解的过程，它为我们后期对室内设计的定位提供了客观的信息。具体是指通过对所要设计的空间的位置、结构和周边要素的考察，以获得空间的地点、形态、风向、光照以及视野等初步信息。室内设计的成功与否与空间所在的客观环境有着很重要的关系。

空间的位置是我们考察空间所要接触的第一要素。空间的所在位置直接影响到室内设计的诸多因素，比如家具陈设的选择等。风向、光照和视野同样是影响室内环境的重要因素。对室内环境影响较大的风向被称为主导风向，主导风向对冬季室内热损耗及夏季室内自然通风的好坏都有很大的影响。良好的光照环境对人的工作效率和心理状况会产生有益的影响，是室内设计环境分析中的一个重要的部分。

（2）建筑环境分析：当设计者在接到一个室内设计的时候，该建筑的空间形态，比如空间的大小、质量以及它的性质和建筑结构等往往都是已经确定下来的，从一定程度上说，这些方面也属于室内的客观环境，它们同样制约着室内的设计。设计者只有通过实地考察，才能够对室内空间的分割方式、室内空间界面的二次设计等做出初步的构思。

（3）人文环境分析：人文环境的分析在室内设计的分析思维中同样重要。室内环境与设计所处的文化氛围直接相关。设计能否新颖时尚，在很大程度上取决于社会文化氛围的变化。社会人文环境的变化不断地对室内设计提出新的要求，这些要求是设计成功的社会接受条件。脱离了社会人文环境的室内设计就很难得到社会的认可，同时也很难为业主创造一个舒适、和谐的环境。设计者对当前社会人文环境的分析，是进行室内设计分析中必不可少的一部分。

设计者在进行以上要素分析的同时，相关的设计资料分析、相关的设计市场调查也是思维分析的一部分。市场调查一般应包括个案分析、市场发展走向的预测、不同设计的空间布局等内容。对现有同类设计的分析调查往往能进一步拓展设计者的思维，创造出独特的空间形象和装饰效果。市场调查的深入还有利于设计者调整设计思维，加深对特殊空间限定性的了解。搜集相关的设计资料进行分析，有助于设计者对当今设计走向的了解，使设计的分析思维更加准确。

二、设计的定位

1. 概念定位

室内设计中的概念定位就是在进行各个要素和资料的分析及市场调查的基础上，经过思考酝酿所形成的设计方案大致的发展方向和设计理念。概念定位就是确定设计总的概念，它对于设计的成败有非常大的影响。概念定位的过程实际上就是设计者运用图形思维的方式，对功能、自然环境、人文环境、市场等进行综合分析后所做的空间、环境的总体构思过程。方案中的概念定位主导着项目的设计方向，也是下一步空间定位、形式定位、陈设定位和深入设计的基础。

图 4-5

图 4-6

图 4-7

概念对设计而言是思考的源头、认知的起点。概念如同绘画中所谓的立意，创作绘画时必须先有立意，即深思熟虑，有了“想法”后再动笔，设计的概念定位也就是至关重要的构思和立意。可以说，一项设计，没有立意就等于没有“灵魂”，设计的难度也往往在于要有一个好的构思。

概念定位最根本的是设计概念来源，即原始的创作动力是什么，它是否适应设计方案的要求并且能够解决问题，而在形成这种概念的过程中，则应该是依靠科学和理性的分析以发现问题进而提出解决问题的方案。整个过程是循序渐进和自然而然的。设计师的设计概念，应当是在他拥有相当可观的已知资料的基础上，很合理地如流水一样自然流淌出来，而不应当如纯艺术活动那样是个人意识的宣泄。

2. 功能定位

室内设计的功能定位就是要根据业主的需要确定设计的空间使用功能。只有确定了空间的功能需要，才能使设计有的放矢，不至于偏离方向。功能定位就是要根据功能需要确定空间的特性，即围合空间的界面以及由各界面形成的空间的量、空间的形、空间的质等做出选择。空间的量是指空间的大小，空间的量可以用尺度的概念加以表述，一般用开间、进深、层高来表示。开间代表空间的深度，进深代表空间的长度，层高代表空间的高度。空间的形包括空间的平面形状和空间的立体形状，平面图为了反映室内空间的特性，往往利用墙、柱、门、窗等建筑元素来显示空间的各种关系，并且在一定程度上还能展示空间的立体形态。空间的质是指空间的品质，也包括各方面的指标数，空间的品质主要有安全、空气、使用便利等，另外还有作为建筑环境的条件、景观、视线、日照等。功能的定位需要分析使用者的行为特征，其行为特征落实到室内空间的使用上，基本表现为“静”、“动”两种形态。具体到特定空间，“静”、“动”的形态转化为有效使用面积和交通面积。根据业主的需要去分析，做功能定位分析，可以很好地解决空间的划分，使设计更合理，符合业主的行为习惯。

图 4-8

图 4-9

3. 形式定位

室内设计的形式定位囊括的内容很多，包括色彩定位、造型定位、材料定位、风格定位等等。色彩定位即设计者对室内环境的色调做出选择。色调的定位往往决定了整个室内氛围，是体现设计思维的重要组成部分。空间环境的色调搭配不和谐，或是色调的运用不符合空间的性质都会严重影响到室内设计的最终效果。对于室内色调的定位，首先需要满足室内空间的功能需求，符合空间的性质；其次需要结合色彩的各项效能，遵循色彩配置的统一变化的原则。造型定位即设计者为室内环境所提取和选择的在塑造氛围中占据主导环节的形象符号及主题空间元素、构件，它是设计者美化环境的重要手段，对空间环境的整体效果有着至关重要的影响。造型的好坏直接关系到室内环境品位的高低，也会给人截然不同的心理感受。材料定位是设计者对室内装饰设计所需材料的选择。装饰材料的合理定位可以有效地保护空间的主体结构，保证室内外所需的各项功能，同时对于美化和优化空间环境也起到重要的作用。当然，对定位思维中的材料选择是需要与前期所做的各项思维分析以及后期室内环境的其他因素的定位相联系的。在设计中是选择天然材料，还是选择高科技材料都是要在这些联系中完成的。

风格定位是设计者对室内设计中艺术特色和个性的选择。设计者做室内环境设计风格的选择不能是盲目的，它通常是和人文因素、自然条件密切相关，同时又需要符合设计中的思维的拓展。随波逐流的选择设计风格，会使人觉得单调与乏味；脱离设计的环境只一味追求个性又会使设计不切实际。在设计的过程中，风格定位需要引起设计者充分地重视。

4. 陈设定位

陈设定位属于室内设计定位思维的后期阶段，是指设计者对室内设计中的家具、织物、绿化、饰品等陈设要素的选择与运用。室内陈设设计与室内环境设计是一种相辅相成的关系，它是室内设计的一项重要内容，关系到室内设计的整体效果。

图 4-10

家具是室内陈设的主体。一件家具首先要满足人们的使用功能，在此基础上才能对其造型、色彩等进行艺术设计，给人们带来美的享受。设计者对家具的定位，首先需要考虑家具的风格样式与室内空间的性质及室内设计的风格样式相统一；其次，设计者在家具的安排上要与室内的空间定位相联系，既可以通过空间界面选择合理地放置家具，又可以通过家具的安排来弥补空间功能的不足，使家具与室内环境完美地融为一体。

织物、绿化、艺术品对室内环境细节的调整也起着不可低估的作用，同时，它们在室内空间中跳跃性的点缀，增强了室内生动与活泼的气氛，对于它们的定位同样不可疏忽，可以尽可能地选择一些艺术价值高的陈设品，坚持少而精的原则。

第三节　方案设计和施工图设计

一、方案设计阶段

图 4-11

方案设计阶段是在设计准备阶段、设计分析和定位的基础上，进一步收集、分析、运用与设计任务有关的资料与信息，构思立意，进行初步方案设计，然后再进一步深入设计，进行方案的分析与比较。确定初步设计方案，提供设计文件。室内初步方案的文件通常包括：设计说明、平面图、顶棚平面图、室内立面展开图、剖面图、彩色效果图、造价估算、室内装饰材料实样版面（家具、灯具、陈设、设备等可使用照片，其他材料可使用面积实物）。方案设计简单地说就是一个分析与综合的过程，分析其实就是找出需要或者说找出限定因素，这个限定因素就是制约、限定这个项目的各种因素，它们在制约、限定项目的同时也对项目提出要求，这些要求正是我们进行设计的依据。可以看出，找出限定因素是方案设计工作的第一步，也是重要的一个环节。限定因素找出的越多、越深入，后面的设计定位就越准确、越深入。制约、限定项目的因素有很多，主要有功能因素和环境因素，其中环境因素又包括自然环境因素和人文环境因素。从本质上说室内设计是用图形方式进行思维的，当设计者的设计构思完成之后，他们的大多数构思或想法是需要通过绘制草图，并通过对这些草图的研究来初步实现的。草图可以将设计构思可视

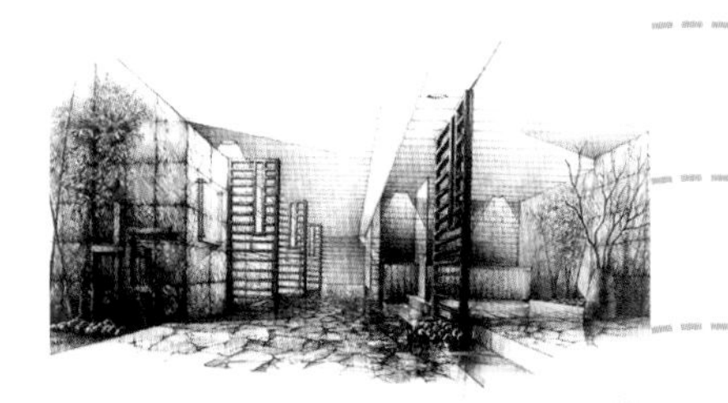

图 4-12

化，进而分析创意中的更多细节，使创意更精确，更完善。在草图中，解决设计问题的方法以及确立空间的主题或特性的想法可以得到描述。设计者可以反复多次对先前的草图进行修改和平衡，这样就可以在短时间内确定最符合具体设计目标的空间方案了。室内设计思想应该是在设计方案过程中不断地发展、完善，在设计方案过程中使立意、构思逐步明确。与伙伴、同事或团队一起集思广益、互相鼓励通常会对设计非常有帮助。

二、施工图设计阶段

当设计的方案完全确定下来以后，就进入施工图设计阶段。施工图设计是整个设计项目最后的决策。施工图设计必须和其他各专业配合、协调，综合解决各种问题，为施工的实施提供准确的信息。施工图设计是以精确、详细的文件和图纸表达设计创意的阶段。由于施工图将直接运用于施工制作，因此要十分规范、详尽。施工图文件和图纸包括：平面图、室内立面图、顶棚平面图、细部大样、构造节点详图、设备管线图以及编制施工说明和造价预算。其中，平面图、立面和顶棚平面图尺寸需十分精确，标注要详细，并注明各种材料和做法。对非常规的做法要另画构造节点详图；对必须现场制作的家具、设施、装饰构件要画出精确的细部大样图。因此，本阶段的制图工作量较大，要求较严格。施工图的设计直接关系到创意的实现，是保证设计最终效果的重要阶段。（预算编制的详细方法见书后的附录，第 93 ~ 95 页）

图 4-13

第四节 设计的实施

设计的实施阶段也即是工程的施工阶段。室内工程在施工前，设计人员应向施工单位进行设计意图说明及图纸的技术说明；同时需按图纸要求核对施工实况，进行材料选择与施工监理，有时还需根据现场实况提出对图纸的局部修改或补充，施工结束时，会同质检部门和建设单位进行工程验收。为了使设计取得预期效果，室内设计人员必须抓好设计阶段的各个环节，充分重视设计、施工、材料、设备等各个方面，并熟悉、重视与原建筑物的建筑设计、设施设计的衔接。同时还需协调好建设单位和施工单位之间的相互关系，在设计意图和构思方面取得沟通与共识，以期取得理想的设计工程效果。

课后习题：

1. 室内设计的步骤、程序分为哪几个阶段？
2. 什么是概念定位？为何说概念定位对于设计的成败有非常大的影响？试阐述自己的观点。
3. 方案设计阶段由哪几部分组成？在设计分析中应考虑哪些其他因素的分析？在环境分析中应考虑哪些因素？
4. 做一个家居前期方案设计分析。（业主为三口之家，面积 90 平方米左右，南方城市，业主喜好中式风格）

第五章　室内设计的表达

学习目标：了解室内设计的表达方式，掌握制图规范，熟悉绘制施工图和效果图；能够运用图纸表达自己的设计，能制作室内模型。

学习重点：施工图的绘制和三维效果图的绘制。

学习难点：图纸绘制的技术规范、计算机制图和室内模型的制作。

设计的过程是一种运筹帷幄的过程；设计者通过构想、思考、计划，最终要拿出一套可行的图纸或者模型。设计由思维转变成现实，其中比较重要的一步就是设计的表达。室内设计的表达是室内设计所有表现手段的总称，它是设计者的语言，人们可通过它来了解设计的意图以及处理手法。

图 5-1

第一节　设计的技术性制图

技术性制图是遵照国家一定的制图标准，根据正投影原理绘制的物体多面正投影图，并标注尺寸和说明的图样。技术性制图是在掌握室内设计方法、有关工程技术及制图基础知识和制图标准的基础上所绘制的专业图纸。这些专业图纸是进行设计施工和监理的重要依据。室内设计制图的类别很多，包括平面图、地面平面图、顶棚平面图、内墙立面图、剖立面图、立面展开图、各种详图等。

目前我国还没有一个专门的室内设计制图标准，现在室内设计的制图主要是参照国家标准（GBJ-86）房屋建筑制图标准和国家标准（GBJ104-87）建筑制图标准这两个标准进行技术性制图的绘制。

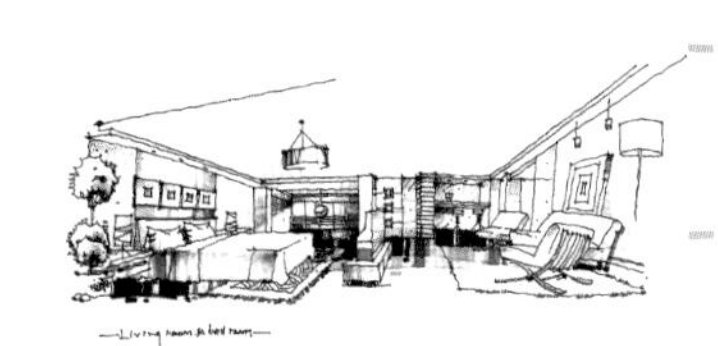

图 5-2

一、室内设计的制图标准

1. 图纸

室内设计技术性图纸采用 GB/T14689-93 规定（国际通用）的 A 系列幅面规格的图纸。图纸幅面的规格及尺寸见下：

表 5-1　室内设计图线的线型和适用范围

序号	名称	线型	宽度(mm)	适用范围
1	标准实线		B	立面轮廓线
2	细实线		B/4	尺寸线引出线 可见轮廓的次要线
3	中实线		B/2	立面图上的门窗 及突出部分轮廓线
4	折断线		B/4	长距离图面 断开线
5	点划线		B/4	中心线 定位轴线
6	虚　线		B/4	不可见轮廓线
7	粗实线		B或更粗	剖面图的轮廓线 剖切线

标准实线宽度B=0.4～0.8mm

A0 的图纸是 841×1189

A1 的图纸是 594×841

A2 的图纸是 420×594

A3 的图纸是 297×420

A4 的图纸是 210×297

当图的长度超过图纸幅面长度或内容较多的时候，图纸可以加长，按规定仅有 A0–3 号图纸可以加长，且必须沿长度边以其八分之一边长及其倍数加长。

图纸以图框为界，图框通常有两种形式：一种是横式，装订边在左侧；另一种为竖式，装订边在上面。

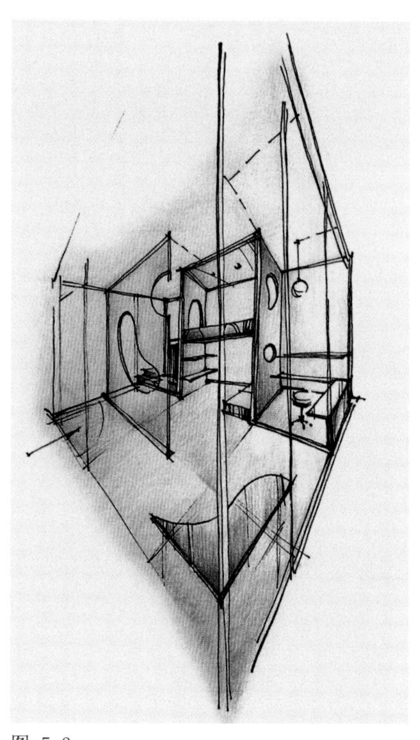

图 5-3

2. 图线

为了使工程图的内容主次分明，清晰易读，需要采用各种不同线型和粗细的图线，分别表示不同意义和用途（见表 5–1）。各种图线及其用途参考 CB4457.4–4 规定。图线的宽度 b，应从下列规定线宽系列中选取：0.18、0.25、0.35、0.5、0.7、1.0、1.4、2.0（mm）。

3. 字体

图纸上书写的文字、数字或符号，均应笔画清晰、字体端正，排列整齐，标点符号应清楚正确。文字的字高，应从以下系列中选用：2.5、3.5、5、7、10、14、20（mm）。如需写更大的字，其高度应按根号 2 的比值递增。图纸上使用的文字，中文一般使用仿宋体，外文使用罗马体。

4. 比例

图样的比例是图形与实物相对应的线性尺寸之比，即图形尺寸：实物尺寸。

5. 尺寸

图纸上的尺寸是构成图样的一个重要组成部分，一般说来，图纸上标注的尺寸有线性尺寸和标高尺寸两种。

线性尺寸一般是指长度尺寸，单位为 mm。它由尺寸界线、尺寸线、尺寸起止符号和尺寸数字四部分组成。（图 5–5）

尺寸界线应用细实线绘制，一般应与被注长度垂直。尺寸线应用细实线绘制，应与被注长度平行。图样本身的任何图线都不能作为尺寸线。尺寸起止符号可用小圆点、空心圆圈和短斜线或箭头，其中短斜线最为常用。标注半径、直径和角度的起止点符号不用短斜线而常用箭头表示。尺寸数字即形体的实际尺寸，图样上的尺寸应以尺寸数字为准，不得从图上直接量取。

图 5-4

标高表示建筑物各部分的高度。标高分为相对标高和绝对标高。室内设计一般是相对标高，相对标高是把室内首层地面高度定为相对标高的零点，用于建筑物施工图的标高标注。

建筑物图样上的标高以细实线绘制的三角形加引出线表示；总图上的标高以涂黑的三角形表示，用细实线绘制。标高符号的尖端指至被注高度，箭头可向上、向下。标高数字以 m 为单位，注写到小数点后第三位。（图 5–6）

标高数字应注在标高符号的左侧或右侧（图 5–6）。在图样的同一位置需表示几个不同标高时，标高数字可按图 5–6 所示形式表现。

根据设计深度和图纸用途需要，尺寸标注还可划分为总尺寸、定位尺寸和细部尺寸三种。外尺寸是建筑物的外轮廓尺寸，即指从一端的外墙边到另一端的外墙边的总尺寸。定位尺寸又被称为轴线尺寸，是建筑物构配件如墙体、门、窗、洁具等相对于轴线或其他构配件以外用以确定位置的尺寸。细部尺寸是指建筑物构配件的详细尺寸，细部尺寸一般比较断续和琐碎，可直接在所示内容附近注写。

6. 定位轴线

纵横定位轴线（见图 5–7）用来控制平面图的图形位置，用单点长画线表示，其端部用细实线画圆圈，用来写定位轴线的编号。在起主要承重作用的墙、柱等构件上一般都要设定位轴线，非承重次要墙、柱部位可另设附加定位轴线。

平面图上横向定位轴线编号用阿拉伯数字，自左至右按顺序编写；纵向定位轴线编号用大写的拉丁字母，自下而上按顺序编写。其中，I、O、Z 三个字母不得用作轴线编号，以免与 1、0、2 这三个数字混淆。对于一些与主要承重构件相联系的次要构件，它的定位轴线一般作为附加轴线，编号用分数表示。（见图 5–7）

7. 符号（见图 5–8）

符号包括剖切符号、详图的索引符号、局部剖面的详图索引符号、对称符号、方向符号、连接符号、

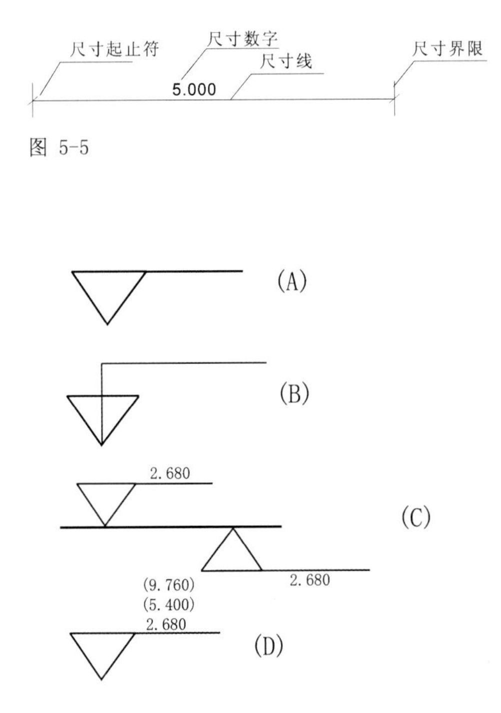

图 5-5

图 5-6

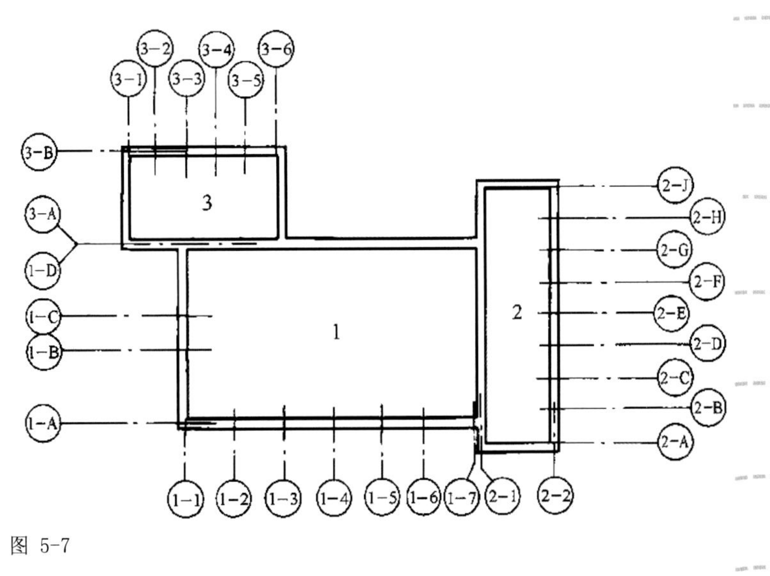

图 5-7

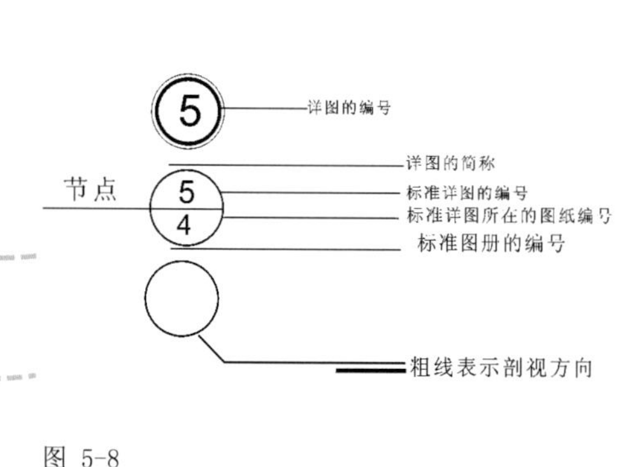

图 5-8

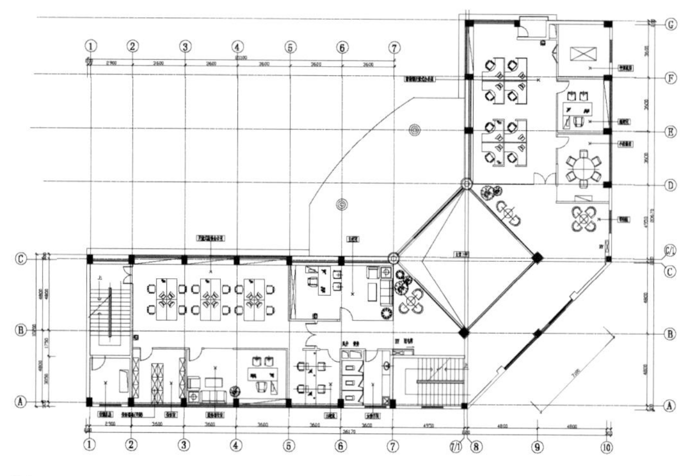

图 5-9

引出线。引出线采用细直线，不应用曲线。引详图的引出线，应对准圆心。引出线同时索引几个相同部分时各引出线应互相保持平行。多层构造引出线，必须通过被引的各层，并须保持垂直方向。文字说明的次序，应与构造层次一致，一般由上而下，从左到右。

二、平面图

建筑平面图实际上就是建筑的水平剖面图（除屋顶平面图之外），也就是假想用水平的剖切平面在窗台上方把整幢房屋剖开，移去上面部分后的平面布置图，习惯上称其为平面图，其目的是把门窗和室内装饰、物品陈设、家具摆放等情况表现出来。

1. 平面图的作用及其种类

平面图的作用一方面是表示室内空间平面形状和大小以及各个房间在水平面的相对位置，另一方面是标明室内设施、家具配置和室内交通路线。其种类主要有地面平面图、顶硼平面图、屋顶平面图和建筑总平面图等。

（1）地面平面图（见图 5-9）

我们常见的平面图多数是地面平面图。居室层次不同，各层布置也有所不同，它们所表现的地面平面图也不一样，如首层平面图和楼层平面图，它们之间就有区别。

（2）顶棚平面图（见图 5-10）

在室内设计过程中，为了表达顶棚（天花）的设计思想所作的平面图就是顶棚平面图。顶棚平面图上一般需要标明顶棚的造型、所用材

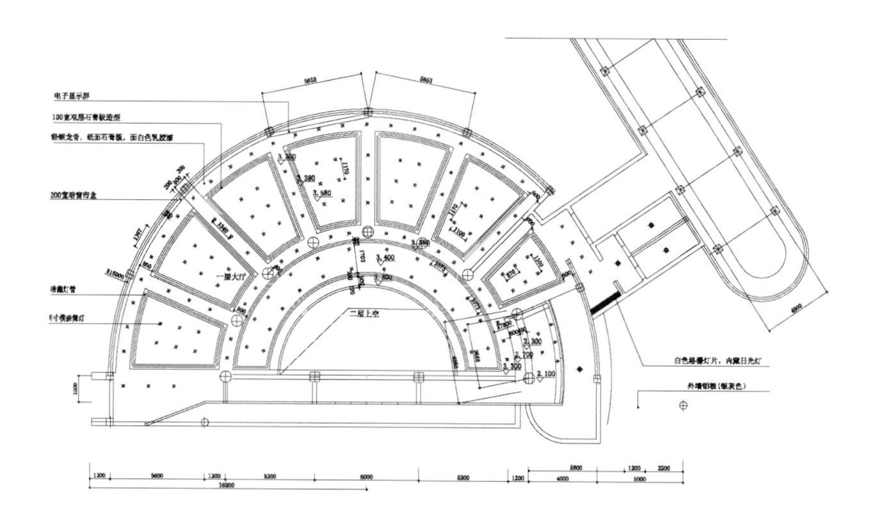

图 5-10

料及结构做法等。此外，还需要标明灯具、空调风口等设施的位置、种类和形式。

（3）建筑总平面图（见图 5–11）

建筑总平面图是把目标建筑物落实在基地上，以表现其与外界的关系。绘制建筑总平面图时，应采用细淡的图线表示基地的形状，较深图线表示目标建筑物、道路、场地以及绿化等情况，使之主题明确，突出设计意图和效果。

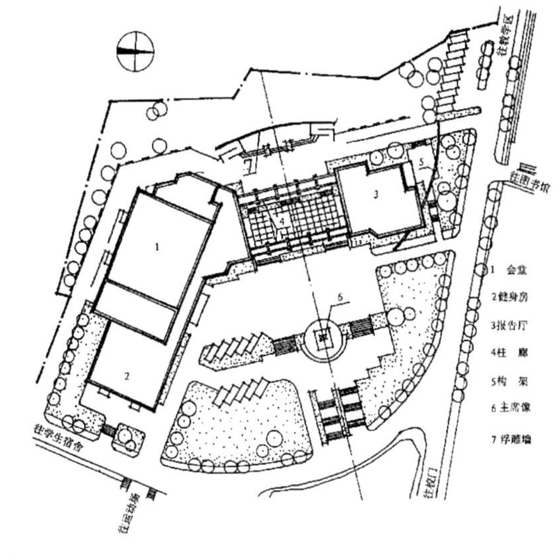

图 5-11

目标建筑物一般以粗实线画出其外轮廓线，层数用点的个数来表示。目标建筑物在建筑总平面的落实是用定点、定向、定高的三定措施进行控制的。

建筑总平面图的标注尺寸和标高不同于建筑平面图，它一般是以 m 为单位的。此外，建筑总平面图还要标示出指北针的指向。

2. 平面图的表示方法

平面图上的内容是通过图线的形式来表达的，其图示方法主要有以下几种：

（1）墙柱的表示方法

在室内平面设计图中，最突出的是被剖切到的墙和柱的断面轮廓线，通常都是用粗实线表示。在可能情况下，被剖切的断面内应画出材料图例，常用的比例是 1 ∶ 100 和 1 ∶ 200。在此比例的平面图中，墙、柱断面内留空面积不大，不便画材料图例，所以往往留白或在硫酸图纸的背面涂红表示砖砌。钢筋混凝土的墙、柱断面可用涂黑来表示。

图 5-12

（2）门窗洞口的表示方法

根据平面图一般采用的比例，门、窗等也严格按照规定的图例进行绘制。其中门、窗洞口两边的墙是被剖切的，轮廓线用粗实体，窗台是没被剖切的，可见轮廓线用中粗体画出，窗框及窗扇用两条或一条细实线表示，一般用 45° 倾斜的中粗线表示门及其开启方向。通常情况下，门的代号是 M，窗的代号是 C，在代号后面写上编号，如 M1、M2……和 C1、C2……。同一编号表示同一类型的门窗，它们的构造和尺寸都一样。一般在首页图或在平面图上，附有门窗表，列出门窗的编号、名称、尺寸、数量及所选标准图集的编号等内容。门、窗的具体形式和大小可在有关的立面图、剖面图及门窗通用图中集中查阅。

（3）楼（电）梯的表示方法

楼（电）梯在平面图中的表示随层不同，底层楼梯只需要表现下段可见的踏步面和扶手即可，在剖切处用折断线表示，在楼梯起步处用细实线加箭头表示上楼的方向，并标注“上”字。中间层楼梯应表示上、下梯段踏步面与扶手，用折断线区别上、下梯段的分界线，并在楼梯口用细实线加箭头画出各自的走向和“上”、“下”的标注。顶层楼梯应表示出自顶层至下一层的可见踏步面与扶手，在楼梯口用细实线加箭头表示下楼的走向，并标注“下”字。也可在与楼梯相关的中间平台标注标高。

（4）家具与设施的表示方法

室内设计所包括的室内项目，如家具、设施、织物、绿化、摆设等很多内容，这些都需要借助室内使用的常用图例来表示。这些图例应按照一定的比例，用简化概括的方式画出，必要时可加注文字。（以上墙、柱、门窗、楼梯、家具的具体表示方法参见平面图）

三、立面图

建筑物墙面向平行于墙面的投影面上所得到的正投影图即建筑立面图，简称立面图。若是建筑外观墙面，则称为外视立面图，若是内部墙面的正投影图，则称为内视立面图。

1. 立面图的种类和作用

立面图的种类有外视立面图和内视立面图等。外视立面图的作用主要是在不同方面表现建筑物各个观赏面的外观，如立面造型、材质与效果、技术水平、构造做法及装饰要求、指导施工等。内视立面图主要表现室内墙面及有关室内装饰情况，如室内立面造型、门窗、比例尺度、家具陈设、壁挂等装饰的位置与尺寸、装饰材料及做法等。

（1）外视立面图（见图 5-13）

（2）内视立面图

就室内设计来说，内视立面图是指在室内空间内见到的图示及内视立面中的家具陈设、设施布局、壁挂和有关的施工内容。内视立面图应当做到图形清晰、比例正确、数据完善。在视图中，不仅要画出墙面布置和工程内容，还要把该空间可见的家具、设施、摆设等都表现出来。同时，还需要把视图中的轴线编号、控制标高、重要的尺寸数据、详图索引符号等表现在内视立面图中以满足施工的需要。图中还应标注房间名称，必要时也应把轴线编号加以标注。（图 5-14）

2. 立面图的表示方法

（1）用粗实线把连续墙面的外轮廓线和面与面转折的阴角线画出来。比例一般采用 1 ： 50。

（2）用中、细实线区别主次，分别画出各墙面上的正投影图。

（3）在图的两端和墙阴角处的下方要标注与平面图相一致的轴线编号，另外，还要用细实线标注有关施工所需要的尺寸数据、标高、详图索引符号、文字说明、装饰材料图例等。

（4）图名要明确。要在内室立面图中标出厅、室等房间的具体名称。

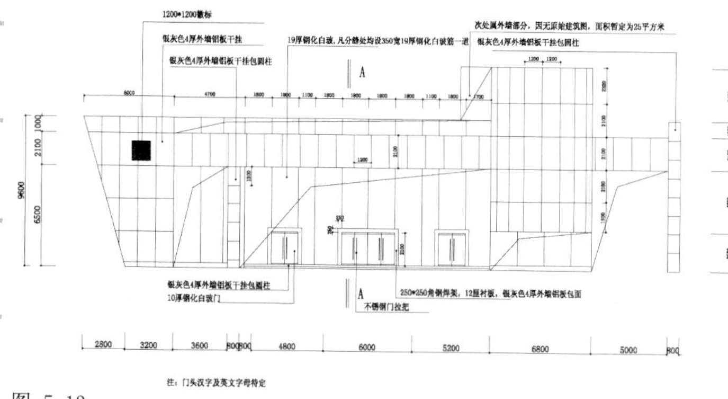

图 5-13

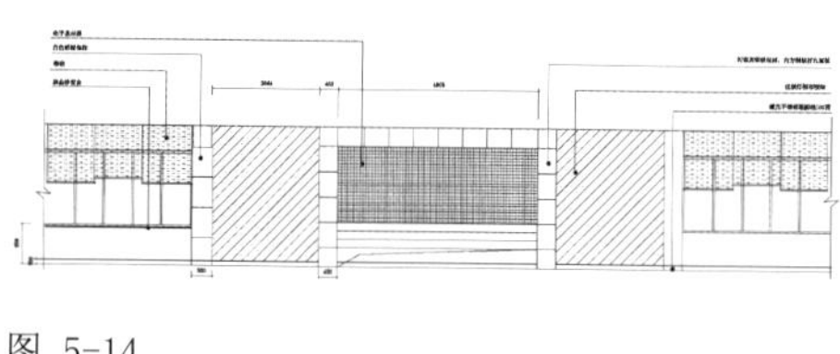

图 5-14

四、详图

在设计剖面图中，有时由于受到图纸幅面、比例的限制，所以可能会对装饰细部、装饰构配件及某些装饰剖面节点的详细构造表达不清楚，给施工带来一定不便和困难，有时甚至无法进行施工。这时就必须要绘制比例较大的图样来满足施工的需要，这样的图样就称为详图，又称为大样图。（图 5–15）

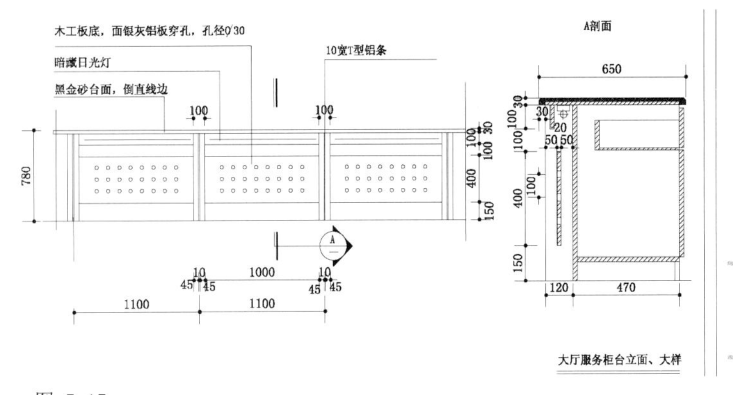

图 5-15

1. 详图的种类

详图一般包括装饰构件详图、节点详图等。

（1）装饰构件详图

在室内设计工程中有许多独立的构件，如门、窗、屏风、吧台等，在实际图样中均要绘制出详图以便于施工。在图示上一般都采用平、立、剖面。图的比例较大，常用的比例一般是 1 ∶ 50，1 ∶ 40，1 ∶ 30 等。

（2）节点详图

详图的图示方法，要视其细部构造的繁简程度和表达的范围而定。一些比较复杂的构件，除了本身的平、立、剖面图之外，还需要增加一定的节点详图才能将每个结合部分的构造做法表达清楚。

节点详图的比例比较大，一般用 1 ∶ 2，1 ∶ 5，1 ∶ 10 甚至 1 ∶ 1，1 ∶ 1 就是指与实物大小等同，所以又称为足尺大样。

2. 详图的要求

详图可以是平面图、顶棚图、立面图、剖面图，也可以是轴侧图、节点图。详图的数量可以根据装饰工程中的实际情况做适当的增减，以表达清楚、满足施工需要为原则。对详图来说要做到“三详细”： 即形详细、数据详细、文字详细，以确保准确无误、一目了然。

图 5-16

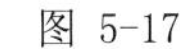

图 5-17

第二节　设计的表现性制图和模型

室内设计的表现性制图的主要作用是通过直观形象的图像或模型表达设计者的设计意图；让业主提前了解项目施工后的大致效果；让设计者从表现性图纸中发现设计的细节问题，更好地完善设计。室内设计的表现性制图大致有以下几类：

一、轴测图

轴测图是一种单面投影图（见图 5-18）。用平行投影法将不同位置的物体连同确定其空间位置的直角坐标系向单一的投影面（称轴测投影面）进行投影，并使其投影反映三个坐标面的形状，这样得出的投影图称为轴测图。它能同时反映物体的正面、水平面和侧面形状，所以立体感较强。轴测图比较适合表现空间的布局和大的场合。

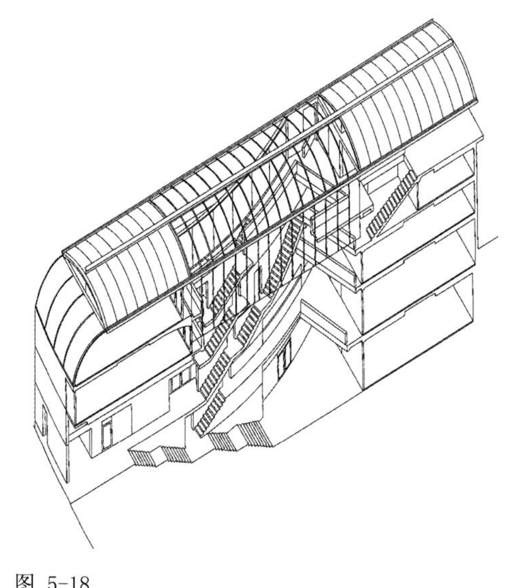

图 5-18

二、透视图

透视图再现了设计师的预想，它将三度空间的形体转换成具有立体感的二度空间的图像。对任何一位从事艺术设计的人来说，透视图都是最重要的。无论是从事美术、建筑，还是室内设计，都必须掌握如何绘制透视图，因为它是一切作图的基础，而且它是建立在科学的透视理论之上的。室内装饰工程普遍采用透视图作为造型表现（图 5-19a），室内装饰方案的预想透视图可供设计、施工、宣传使用，也可作为设计投标图供建设单位选择。

透视可分为平行透视（一点透视）、成角透视（两点透视）和倾斜透视（三点透视）。在平行透视的情况下，立方体与画面平行的横竖两个轴在画面上永远没有尽头，包含两轴的平面上的所有直线也没有交点，只有与画面垂直的线最终消失于视平线上一点，这种透视现象称为一点透视，也称平行透视（图 5-19b）。一点透视表现范围广，纵深感强，适合表现庄重、严肃的室内空间。缺点是比较呆板，与真实效果有一定距离。

在成角透视中，立方体只有一轴平行与画面，其余两轴和其平行的直线都消失在视平线上各自的一点，

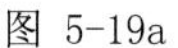

图 5-19a

图 5-19b

出现两个消失点，这种透视现象称为两点透视，或称成角透视。二点透视图面效果比较自由、活泼，能比较真实地反映空间。缺点是如果角度选择不好易产生变形。（图5-20）

在倾斜透视中，因三轴都不平行于画面，与三轴平行的各组平行线都消失于各自的一点，出现三个消失点，这种透视现象称为三点透视，也称斜角透视。三点透视多用于高层建筑透视。

图 5-20

三、效果图

室内设计的效果图是以建筑装饰设计工程为依据，通过效果图技法手段直观而形象地表达装饰设计师的构思意图和设计最终效果的一种表现性制图。

图 5-21

作为室内设计制图重要的一部分，效果图有其区别于其他种类制图的特点：第一，准确性。效果图的准确性就是表现的效果必须符合建筑装饰设计的造型要求，如建筑空间体量的比例、尺度、结构、构造等。准确性是表现图的生命线，绝不能脱离实际的尺寸而随心所欲地改变形体和空间的限定，或者完全背离客观的设计内容而主观片面地追求画面的某种“艺术趣味”，或者错误地理解设计意图，表现出的效果与原设计相去甚远。准确性始终是第一位的。第二，真实性。效果图的真实性是指造型的表现要素符合规律，空间气氛营造得更真实，形体光影和色彩的处理遵从了透视学和色彩学的基本规律与规范，灯光色彩、绿化及人物点缀诸方面也都符合设计师所设计的效果和气氛（见图5-21）。第三，说明性。效果图能明确表示室内外建筑材料的质感、色彩、植物特点、家具风格、灯具位置造型、饰物出处等，具有很好的说明性。第四，艺术性。一幅效果图的艺术魅力必须建立在真实性和科学性的基础之上，也必须建立在对造型艺术严格的基本训练的基础上（见图5-22）。在真实的前提下适度夸张、概括与取舍也是必要的。罗列所有的细节只能给人以繁杂，不分主次的面面俱到只能给人以平淡。选择最佳的表现角度、最佳的光线配置、最佳的环境气氛本身就是一种创造，也是设计自身的进一步深化。

图 5-22

四、计算机制图

现代室内设计的效果图制作方法很多，主要有手绘效果图和计算机辅助制作效果图两大类，设计者可以根据不同的需要选择其中的一种或几种。长期以来，手工绘图一直是绘图设计中的主要手段，在设计领域中，丁字尺、三角板等手工绘图工具在很长时间里一直发挥着重要的作用。然而，在当今快节奏的社会里，手工制图的繁琐费时、不易修改、不能批量绘制等缺点也就不可避免地暴露出来了。计算机辅助制图一经发明，

图 5-23

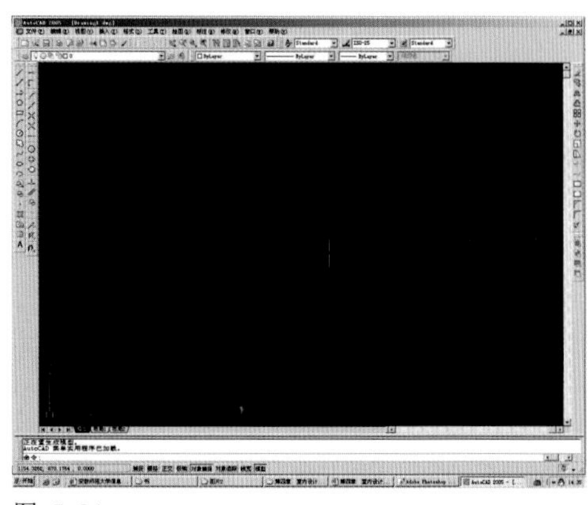

图 5-24

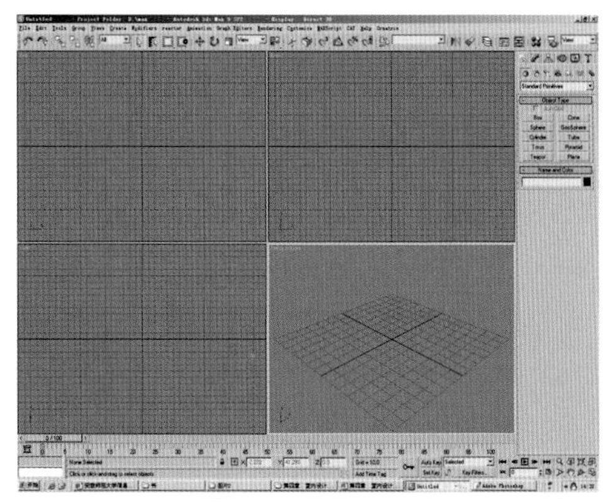

图 5-25

便很快在设计制图领域中得到了飞速的发展，在当今几乎已经占据了绝对主导的地位。使用计算机辅助制图的方式很多，关于这方面的应用软件也不在少数，以下我们就 Auto CAD 制图和 3ds max 制图做些介绍。

1. 计算机辅助制作技术性图纸是现在流行的室内设计表现方法。Auto CAD 制图是制作技术性图纸应用较多的软件之一，它的使用给室内设计的各个阶段带来了很大的便利。在初步设计阶段，设计者可以用它制作初始造型图并且在计算机中方便地进行修改和调整；在施工图设计阶段，设计者可以利用 Auto CAD 快速准确地绘制出设计的平面图、立面图、剖面图等；除此之外，设计者还可以利用这个软件建立设计对象的三维模型并进行渲染，也可以结合其他软件进行渲染从而得到制作精美的表现性图纸，其高效性、准确性、一致性是传统的制图方式所无法比拟的。（图 5-23）

CAD 界面如图（见图 5-24），以下我们就以绘制平面图为例，来初步介绍一下 Auto CAD 的使用步骤：（1）绘制建筑定位轴线；（2）绘制墙体轮廓线；（3）绘制门窗和次要结构；（4）标注尺寸。经过上述四个步骤，一张室内设计的平面图就基本绘制完成了，其他类型的制图的步骤与平面图的制作步骤大致相同，在此不作赘述。

2. 计算机辅助制作表现性图纸

3ds max 系列软件对于三维编辑造型、材质或贴图设置、渲染效果、动画制作具有较强的功能，是设计者绘制表现性图纸的常用工具。3ds max 界面如图（见图 5-25）。利用 3ds max 绘制出效果图的一般程序：（1）模型调入和建立；（2）建立摄影机；（3）布置灯光；（4）贴图；（5）渲染。最后通过计算机绘制的效果图直观形象。随着计算机技术的发展，在 3ds max 软件中，一种渲染效果较好的高级渲染器现在已经被广泛地使用，如 Vray，这些渲染插件可以很好地模拟真实的环

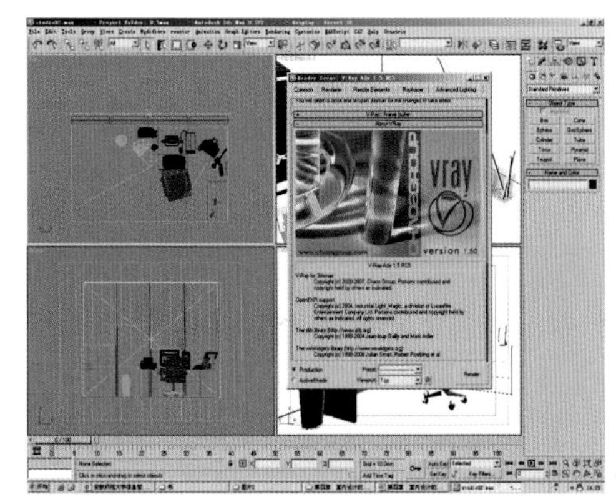

图 5-26

境，Vray 的界面如图所示（见图 5-26）。使用计算机辅助制图首先需要设计者对使用的软件有充分的了解，在完全认识了软件的各项功能之后，可以利用各种快捷的方法制图，熟练地掌握制图软件，对顺利完成室内设计的整个过程有着极大的帮助。

五、模型

模型也是一种重要的设计表达方法，它的制作目的是为了更加形象地表现出设计者的设计意图（见图 5-27）。同时，模型的制作也是设计者在进行设计的过程中对自己的设计想法不断改进的一种很好的手段。根据设计的水平和阶段的不同，我们可以制作出很多种具有不同使用目的的模型。对于这些种类繁多的模型，我们一般分为主要模型和次要模型两大类。主要模型在概念上是抽象的，它主要是用来探索设计思想（见图 5-29）。概要模型、组合模型、扩展模型、展示模型等都属于主要模型的范畴。次要模型是用来观察建筑环境的组件，包括室内模型、局部模型、背景模型等。室内模型一般用于研究室内空间与陈设的模型。在这些模型上，应该限定空间的边缘，但为了观察和可以进入内部的方便，应保持敞开。室内模型使用各种手法获得观察内部空间的途径：屋顶可以被去除，向下观察模型的内部；侧面可以拿掉以获得水平的入口；视点的入口也可以切割在底部，使观察者能看到空间的内部。在一些大的模型中，底部非常大的开口提供了全部的视觉入口。

模型的制作大致有以下几个步骤：

1. 制作模板

把绘制的信息转换成模型组件最快的方法是将它们制成模板。在图纸上切割，就会在图纸下方的材料上留下刻痕，然后制作模板，之后去掉图纸，用作为版面布局的指示线把部件附着在上面。在典型的转换

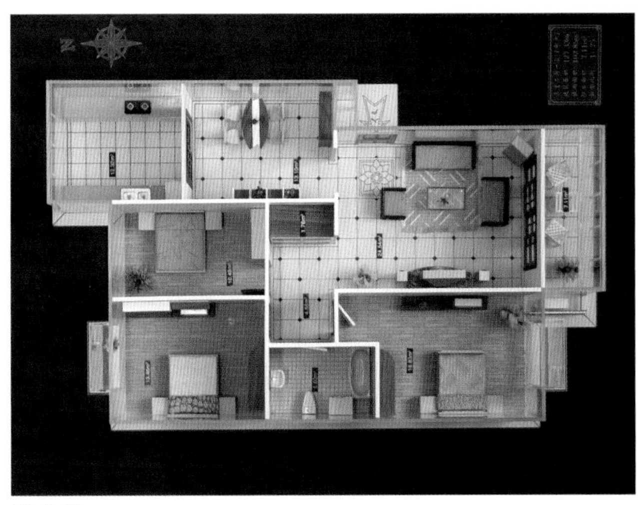

图 5-27

图 5-28

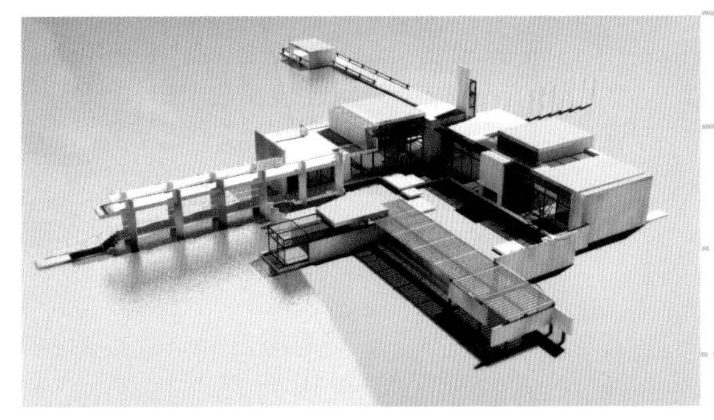

图 5-29

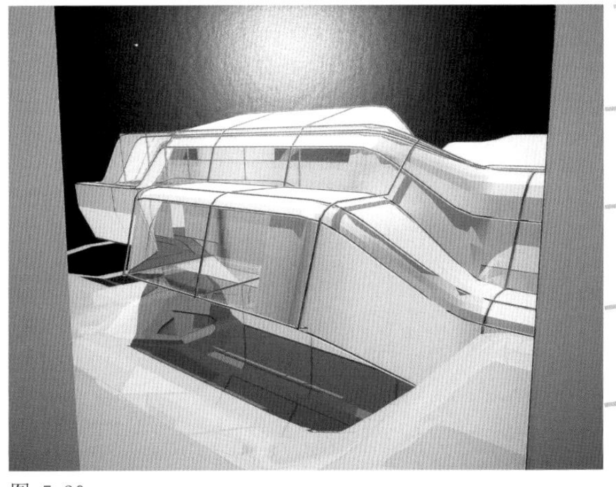

图 5-30

处理中，图纸使用喷雾黏合剂固定在建造模型的薄板上，然后用刀子进行轻轻地刻画，使其留下刻痕，草绘出边缘后去掉图纸，再遵循刻线安放组件。喷雾黏合剂一般需要在通风条件良好的环境下使用，在制作材料上涂抹一层轻而均匀的粘和剂，然后把图纸光滑地平展在材料表面上，粘住周围的角，然后从一端向下展平即可。这种方法同样适用于制作部件的模板和制作多重模板。

图 5-31

2. 表面精加工

模型表面的精加工工艺较复杂，手法也较多。例如在模型的表面创造窗户和像玻璃的开口，就有很多的制作方法，我们可以用外罩开窗法、上光玻璃壁板的方法、指示线法等方法制作。外罩开窗法是切割简单的外罩，安放在底座的顶部，从而产生一种开窗的微妙效果；上光玻璃壁板的方法是使用塑料上光片来生成玻璃墙形成窗户的一种方法，这种方法在模型体积增加的时候需要使用薄塑料片来维持其韧性；指示线法是用刀子在塑料上刻画出线，做出实际像窗户竖框的图案，或是作为应用艺术形式的指示线的一种制作窗户的方法。由此可见，在模型的实际操作过程中，可以使用的方法很多，这就需要制作者在实践的过程中积累经验了。

图 5-32

模型的表面处理可以加强模型最终的表现效果，对于模型表面的处理往往要进行边缘细节处理、着色上漆、遮盖、利用砂纸打磨、清洁处理几个步骤完成。

3. 场地加工

场地的加工主要包括立体等高线模型的制作、场地的装饰和模型基部的建造。等高线模板的制作与上述的制作模板的方法类似，需要注意的是制作时应该标记上结合线，因为有标记的坡度可以帮助指导重新的组合。简单而抽象地对模型的场地进行装饰，有利于设计概念的表达，常用的装饰有绿化装饰、建筑群装饰等。模型基部的建造目的在于支撑模型，使之不产生扭曲和下沉，对于质量较小的模型，这一点比较容易做到，但是随着模型重量和体积的增加，则需要加固并使用较重的材料了。

图 5-33

图 5-34

课后习题：

1. 设计的表达有几种方式？如何在实际设计工作中选择不同的设计表达方式？
2. 选择本地有代表性的室内建筑，应用所学知识表现其室内空间。（手段可以多样，手绘，计算机表现，均可）
3. 接上一题，实地测量这个建筑的室内空间，绘制出平面图、立面图、剖面图。
4. 选择校园大门和传达室，按照实际比例，制作立体模型，材料不限。

第六章　室内空间设计

学习目标：掌握空间的基本概念；能合理进行空间组织，完成符合要求的空间设计。

学习重点：空间的类型，室内空间分隔。

学习难点：空间设计中空间序列（或动线）的确定与合理组织空间。

当人们走进室内，首先感觉到的就是空间是狭小还是空旷，是生动还是呆板。空间设计是室内设计最重要的组成部分，它关系到一个设计作品的成败。如何能够合理地利用空间，创造出一个健康、舒适、愉悦和富于文化品位的室内空间环境，是每个室内设计师的重要任务。以下章节分别对室内空间的概念、分类、设计及其在实际中的应用进行阐述。

第一节　空间的概念及分类

一、空间的概念

室内空间指建筑的内部空间，是建筑空间环境的主体。空间设计是室内设计中的一个重要的要素。了解并掌握室内空间要素的相关知识是顺利完成室内设计的必要条件，是实现设计以人为本的基本途径。

二、室内空间的类型

室内空间的类型较为广泛，有结构空间、悬浮空间、交错空间、共享空间等，但概括起来说，室内空间主要可分为开敞空间与封闭空间、动态空间与静态空间、虚拟空间和实体空间三组空间类型。

开敞空间与封闭空间是以室内空间的功能性质为依据来划分的。某个室内空间与外界领域的交流及隔绝的程度决定了该空间是开敞空间还是封闭空间。开敞空间开敞的程度取决于侧界面的围合程度。开敞空间私密性较小且具有外向性和扩展功能，它强调与周围环境的交流、渗透，讲究对景、借景与大自然或周围空间的融合。封闭空间是用限定性比较高的围护实体围合起来的，是对视觉、听觉、温度等都有很强的隔离性的空间。对室内空间的开敞或封闭的设计，取决于室内空间的功能需求。一些公共场所倾向于开敞空间的设计（见图 6-1），而私人居住空间则侧重于封闭式的设计。

图 6-1

图 6-2

动态空间也称为流动空间，它是利用电梯、旋转地面及光影视觉媒体的流动使人有流动的联想而感觉到的空间。动态空间具有视觉的导向性，其界面组织具有连续性和节奏性。动态

图 6-3

空间的构成形式富有变化和多样性，使视线从一点转向另一点，引导人们从“动”的角度观察周围事物，将人们带到一个由空间和时间相结合的“第四空间”。 静态空间的限定度较高，趋向于封闭型，构成比较单一，色调柔和、简洁，有宁静平稳的功能。静态空间一般来说形式相对稳定，常采用对称式和垂直水平界面处理，视觉多被引到在一个方位或一个点上，空间较为清晰、明确。

虚拟空间和实体空间主要是以室内空间的界面限定形式来划分的。我们往往将一个由顶面、四周的墙面和地面围成的空间叫做实体空间，而将另一些空间范围不明确的、空间限定程度很小的空间称虚拟空间。虚拟空间没有十分完备的隔离形态，只靠部分形的启示（照明、水体、家具、色彩等），依靠联想和“视觉完形性”来划定一些虚幻的空间，又称“心理空间”。它位于大空间之中，又有相对独立性，可以避免实空间的单调和空旷，也不会让人感觉呆板和闭塞（见图 6-3），就是可以通过顶棚的分割形成一个虚拟空间。

第二节 空间设计

图 6-4

室内空间是人类文明、文化的表征，是室内设计的重要核心内容。如果将建筑比喻为人，室内空间即是躯体内部的五脏六腑、神经、血管等，这些部分对人体而言都是不可或缺的机能。空间设计也是室内设计这门艺术打动人的主要语言，经过长期的历史发展，室内空间设计集中体现了地域气候、民族风俗、政治经济、宗教信仰、科技水准等诸多人文因素，成为人的内在因素的外化形式。

由于复杂的原因，过去人们往往疏忽了空间这个主要目的，而更多地关心和加工、修饰室内的立面，他们忽视了这样一个事实：一个成功的室内设计绝不只是一件仅能欣赏的艺术品。室内设计的目的是要创造一个满足人的生理和心理需要的室内空间，空间——空的部分才是设计的内容和重点，而实的部分——结构、材料、照明、陈设则是从属的手段和形式，“实”的部分是为了“空”的部分的实现而存在的。正如老子所云：“有之以为利，无之以为用。”空间是客观界面实体限定下的“虚无”，这样的虚无因为界面的变化可以人为延伸和缩短，可以张扬和压缩，可方可圆，可虚可实。这些形态各异的“虚体”，除了具有包容人群和物品的实用功能外，还会引起人们千差万别的心理反应。下面介绍空间设计的基本程序。

一、空间的定位

对空间定性的定位是室内设计思维的第一步，也是整个思维得到顺利拓展的关键一步。设计者对空间的界面、空间的大小、形状、品质做的决定是下一步设计的基础，是以后设计者对各项设计元素运用的物质载体。

设计者在完成对空间定性的思维之后，进一步就是确定空间主次。设计者在进行空间设计的过程中，既要突出主要空间，又不能忽视辅助空间的设计，要把主要空间的重要性和辅助空间的必须性结合起来进行有条理的空间划分。解决复杂的空间矛盾，要从室内空间主次的定位着手，抓住主要空间的重要性，又不可忽视次要空间的必要性。

设计者还要对空间的动线（或称空间的序列）进行合理的组织。人们在室内空间中从事特定的活动，就要完成一定的行为动作，或者是按照一定的程序完成一系列动作。人们的这一系列动作是一个连续的过程，这就需要设计者对空间的序列进行合理的组织。一个居住空间如果没有合理的空间序列组织，使用者的生活就会受到干扰；一个公共空间如果没有合理的空间序列组织，往往会拥挤不堪，严重的还会出现安全问题。

二、室内空间的组织

室内设计一般要进行空间组合，这是空间设计的重要基础。而空间各组成部分之间的关系，主要是通过分隔的方式来完成的。室内空间要采取什么分隔方式，既要根据空间的特点和功能的使用要求，又要考虑到空间的艺术特点和人的心理需求（见图 6–4）。空间的分隔，换种说法就是对空间的限定和再限定。至于空间的联系，就要看空间限定的程度（隔离实现、声音、湿度等），即限定度。同样的目的可以有不同的限定手法；同样的手法也可以有不同的限定程度。常用的室内空间限定方式主要有肌理变化、抬起与下凹、覆盖、围合与分隔四种。要采取什么分割方式，既要根据空间的特点和功能使用要求，又要考虑到空间的艺术特点和人的心理要求。（图 6–5）

图 6-5

1. 封闭式分隔：用限定度（隔视、隔音、保暖、防潮等）高的实体界面分隔空间，具有秘密性和抗干扰性。采用封闭式分隔的目的，是为了对声音、视线、温度等进行隔离，形成独立的空间。这样相邻空间之间互不干扰，具有较好的私密性，但是流动性较差。一般利用现有的承重墙或现有的轻质隔墙隔离。多用于卡拉 ok 包厢、餐厅包厢及居住性建筑。

2. 局部分隔：用片段的面（屏风、翼墙、家具等）划分空间，称为局部分隔。它的特点介于绝对分隔与象征性分隔之间，有时界线不大分明（见图 6–6）。采用局部分隔的目的，是为了减少视线上的相互干扰，对于声音、温度等没有分隔。这种分隔的强弱因分隔体的大小、形状、材质等方面的不同而异。局部划分的形式有四种，即一字形垂直划分、L 形垂直划分、U 形垂直划分、平行垂直面划分。局部分隔多用

图 6-6

图 6-7

于大空间内划分小空间的情况；视线可相互透视，强调与相邻空间之间的连续性与流动性。（图 6-7）

3. 象征性分隔：利用低矮的面、色彩材质栏杆、花格、家具、水体、悬挂物等因素分隔空间侧重心理效应，层次丰富，意境深邃。（图 6-8）

4. 弹性分隔：用可移动的物体制造可变化的分隔空间，也称灵活空间。灵活隔断是现代室内设计的重要原则。居于开放式隔间或半开放式隔间之间，但在有特定目的时可利用暗拉门、拉门、活动帘、叠拉帘等方式分隔两个空间。例如卧室兼起居或儿童游戏空间，当有访客时将卧室门关闭，可成为一个独立而又具有隐私性的空间。

图 6-8

图 6-9

课后习题：

1. 要求学生留意身边的建筑空间，学会怎样合理地使用空间，把空间分隔成既具有使用功能又能满足精神功能的合理空间。观察周围有特点的室内空间，写一份关于这个空间的分析总结。

2. 手绘一张家居室内平面草图，亲身体会一下怎样更合理地布置室内空间。

3. 室内空间的分类有哪几种？搜集每种空间类型的代表性照片，并谈一下自己对此空间的感受。

4. 设计一个室内空间，在空间中体现最少两种不同的空间分割方式，并画出设计草图。

5. 设计一个三室一厅一厨一卫家居空间方案草图，注意合理应用空间设计知识，设计方案中的空间布局要合理、紧凑、生动。

第七章　室内界面装修设计

学习目标：掌握界面装修设计的内容和方法；了解各种装饰材料的性能，能掌握各种施工方法，在实际工作中加以应用。

学习重点：墙面和地面的装修设计；各种不同装饰材料的性能和施工方法。

学习难点：天花、墙面和地面的材料选择和施工；注意不同的施工方法及其对实际装修效果产生的影响。

在这一章中，我们着重强调室内环境的界面装修，室内空间划分以后，重点就是构成室内空间的各个界面的装修，室内装修决定了室内环境的装饰风格，这也是室内设计中的重要一方面。

第一节　界面装修设计

室内装修的界面就是室内的顶棚、墙面和地面。我们必须从室内设计的整体观念出发，把空间设计和顶棚、墙面还有地面的设计结合起来分析处理。

一、顶棚装修设计

顶棚的装修界面装修手法有很多种，但主要是要考虑到整体空间的完整性，要确保顶棚与墙面、地面的界面组成的空间的协调一致。顶棚的设计手法大致可分为以下几类：

1. 平面式顶棚设计，主要是指顶棚表面平整，无凹凸变化。很多大面积的室内空间采用这种顶棚设计方法，如商店、办公室、教室、住宅等。这种顶棚设计既可以在原建筑的天花上直接装饰，也可在以下装平顶式吊顶。这种装饰风格简洁、大方，造价低，安装方便，即使只采用简单的面板材料、壁纸或有规则的灯具排列，也能起到很好的装饰效果。（图 7-1）

图 7-1

2. 立体式顶棚设计，主要是指顶棚表面有凹凸变化，或有单层或多层的递进关系。这种顶棚常应用于服务类建筑和公共建筑中，一般都设计于它们空间的重点部位。立体式顶棚设计要有整体观念，防止使室内空间支离破碎。立体式顶棚的自身节奏感和韵律感要同整个室内空间相适应。顶棚的形状变化要有规则，其造型可以延续这种规则，也可以按柱子的节奏构成若干个重复的单元。

3. 结构式顶棚设计，主要是指利用建筑天花板的结构构件，结合灯具、各种管线和设备设计顶棚的一种艺术处理手法。结构式顶棚包括纯粹利用原建筑构件和设备形成的顶棚，以及结合顶部构件和设备的特点，局部添加与之相配的装饰构件的顶棚。著名的蓬皮杜艺术中心，就是纯粹利用建筑构件和设备体现高科技美学的典范。后一种手法也很常见，比如在一些中式餐厅中，设计者就利用了某些屋顶的“井”字梁，巧妙地将通风、消防、电器设备包在假梁中，做成了仿中国传统的藻井，具有浓郁的民族风格。

图 7-2

4. 悬吊式顶棚设计，主要指各种平板、曲板或折板吊挂在建筑天花板上的一种艺术处理手法。这种设计形式比较自由、活泼，常用于重点局部空间，给人以较强的视觉冲击力。它适用于音乐厅、影剧院或文化艺术类建筑的室内空间。布局手法可以灵活、生动，如用软织物作垂直饰物，将局部空间顶面降低。另外，色彩斑斓的柔性动态织物也能给空间增添活跃的气氛。（图 7–3）

图 7-3

二、墙面装修设计

墙面，位于人视野的最佳位置，也是人体经常接触到的界面，所以在室内设计中意义重大。墙面的装饰从功能取向到装饰作用有三个层面上的作用：首先是保护墙体。譬如，公共室内空间的墙面，如果没有贴面或是墙裙的保护，就极易受污损，也很难满足室内环境的某些物理条件（如防潮、防火等要求）。其次是室内的使用功能要求，例如，某些歌舞厅需要用墙面软包来降低噪声，有些图书馆需要墙面配合形成均匀而柔和的照明度，有些室内空间甚至需要通过场面来安排一些设备管线，辅助通风、照明等功能。最后是美化环境，提供高品质的气氛效果。这就要利用墙面的形状、材质、图案和色彩，应用美学规律，渲染艺术效果（见图 7–4）。与其他界面一样，墙面的艺术处理也要注意与其他界面的协调，共同营造室内空间的艺术气氛。由于墙面位于视野中比较中心的位置，它容易引起人更多的注意。而且，因为墙面是人体可以直接接触得到的，人眼可以仔细观察的，所以墙面的装饰要有层次，细节处理要精致；在耐看耐摸的同时，也要考虑其触觉美感和视觉美感。因此，墙面的艺术处理应注意以下几个方面：墙面设计要注意整体与局部，例如，狭小的空间可采用半透明材料做墙以提高空间的通透性；为了保持空间的完整统一，如果材料形成对比，造型形式则可趋于一致（见图 7–5）；为了增加空间的趣味性，可将四面墙面统一装饰起来，既别出心裁，又整体统一；墙面的装饰风格与家具风格统一，起到塑造室内的气氛的效果。（图 7–7）

图 7-4

墙面的艺术处理首先要满足该空间对墙面的物理性和功能性要求。任何一个空间都有防火、防潮、防污染和声学等方面的要求。墙面的物理性，主要与墙面材料的选择有直接关系；另外，对墙面物理性能的要求，也要根据实际情况，不要一味追求高标准。比如，一般电影院的墙面，吸声要求较高，而教室的墙面就无须选用吸声标准高的材料。墙面的设计要根据具体情况，满足墙面的耐久性以及照明、采光等方面的要求。

图 7-5

三、地面装修设计

地面在整个装修设计中居于次要地位，主要起衬托作用。因此在装修设计时要充分考虑到与主体风格的一致性。如果处理得

图 7-6

图 7-7

当，它本身也会具有独立的审美价值。地面虽然在界面设计中居于次要地位，但由于它也处于视野的主要区域，所以其艺术处理也必须设计得体。因而在对地面进行装饰设计时要注意以下方面：整体性，在一些大空间，如宾馆大堂，一些建筑的门厅、商业营业厅，有时会有大面积地面暴露在外，这时就需要根据周围环境，在地面安排有主有次的图形，使其不至于显得单调。另外，在一些小空间的处理中将地面与墙面作同样的处理，也是一个好办法。这样可以使地面的设计与墙面相互呼应，整个空间更具整体感，空间更完整，整体性更好，也会显得较宽。还有，地面的色彩要注意烘托效果，要从空间出发，来决定地面与家具的色彩关系是和谐统一还是对比反衬。（图 7–8）

图 7-8

地面选用的材料要根据空间的使用功能选择不同的种类。一般来说，住宅中除了卫、厨两室，都可用木材。木材从视觉和触觉两方面都适合家庭装饰。而商店、宾馆等公共空间，由于人流较大，则宜选用石材等板材。像办公室空间，使用者虽多，但人员不杂乱，又大多以静态活动为主，可选用像地毯那样的人造软质制品作地面。当然，有些场所，如食堂、体育馆，也可以用水磨石、涂料等较为经济耐用的整体式地面作法。地面装修材料，一定要满足地面结构、构造、施工的需要。在保证安全的前提下，给予构造、施工上的方便，不能只是片面追求图案效果。地面的设计，在环保、节能、节材、实用经济等方面也要充分考虑，并且满足地板的物理需要，如防潮、隔热、耐磨等。

第二节　装修材料和施工

装修材料按用途来分，可分为顶棚用材料、地面用材料、墙面用材料等。按照材质分可分为以下几种：

一、木质材料

1. 木质材料性能和用途

木质材料是室内装饰最常用的材料之一，在室内装修设计中深受设计师和业主的喜爱。由于具有其他许多材料所不能替代的优良特性，木质材料至今在建筑装饰装修中仍然占有极其重要的地位（见图 7-9）。虽然其他种类的新材料不断出现，但木质材料仍然是家具和建筑领域不可缺少的材料，木质材料特点可以归结如下：不可替代的天然性、典型的绿色材料、优良的物理力学性能、良好的加工性。当然，木材也有其不可避免的局限性：首先，木材作为一种自然资源，其数量是有限的，尤其是一些珍稀的树种，过度的消耗和持续不断的使用会对环境造成巨大的影响；其次，木材受其质地的影响，本身具有易燃烧、易受到腐蚀、不耐磨，会因湿度的变化而变化等性质，使我们的使用受到了一定的限制。可喜的是，随着科技的不断发展，木材的这些不良性质正得到逐渐的改善。然而，我们在使用木材的同时，仍要本着环保和可持续发展的原则，努力地做到最经济、最科学地使用木材，以最大限度实现木材的价值。木质装饰材料按其结构与功能的不同可分为实木地板、装饰薄木、人造板、装饰人造板、装饰型材五大类。

图 7-9

2. 木质材料的施工

木质材料在室内设计中常用做护墙板、木地板等。下面介绍木护墙板和木地板的施工：

（1）木护墙板、木墙裙的施工

①木护墙板、木墙裙施工工艺流程：处理墙面→弹线→制作木骨架→固定木骨架→安装木饰面板→安装收口线条。

②木护墙板、木墙裙施工的注意事项：

墙面要求平整；如墙面平整误差在 10 毫米以内，可采取抹灰修整的办法；如误差大于 10 毫米，可在墙面与龙骨之间加垫木块。钉木钉时，护墙板顶部要拉线找平，木压条规格尺寸要一致。墙面潮湿，应待干燥后施工，或做防潮处理。一是可以先在墙面做防潮层；二是可以在护墙板上、下留通气孔；三是可以通过墙内木砖出挑，使面板、木龙骨与墙体离开一定距离，避免潮气对面板的影响。

（2）木地板的施工

①木地板的常见铺设方式

粘贴式铺设：在混凝土结构层上用 15 毫米厚、1 ∶ 3 的水泥砂浆找平，使用黏结剂，将木地板直接粘贴在地面上。

实铺式铺设：实铺式铺设基层采用梯形截面木搁栅（俗称木楞），木搁栅的间距一般为 400 毫米，中间可填一些轻质材料，以减低人行走时的空鼓声，并改善保温隔热效果。为增强整体性，木搁栅之上铺钉毛地板，最后在毛地板上钉接或粘接木地板。

架空式铺设：架空式铺设是在地面先砌地垄墙，然后安装木搁栅、毛地板、面层地板。因家庭居室高度较低，这种架空式铺设很少在家庭装饰中使用。

②木地板的基本工艺流程

粘贴法施工工艺流程：基层清理→涂刷底胶→弹线、找平→钻孔、安装预埋件→安装毛地板、找平、刨平→钉木地板、找平、刨平→钉踢脚板→刨光、打磨→油漆→上蜡。

实铺法施工工艺流程：基层清理→弹线→钻孔安装预埋件→地面防潮、防水处理→安装木龙骨→垫保温层→弹线、钉装毛地板→找平、刨平→钉木地板、找平、刨平→装踢脚板→刨光、打磨→油漆→上蜡。

③木地板装饰施工的注意事项：实铺地板要先安装地龙骨，然后再进行木地板的铺装。木地板安装前应进行挑选，剔除有明显质量缺陷的不合格品；将颜色花纹一致的铺在同一房间，同一房间的板厚必须一致。购买时应按实际铺装面积增加 10% 的损耗一次购买齐备。铺装木地板的龙骨应使用松木、杉木等不易变形的树种，木龙骨、踢脚板背面均应进行防腐处理。

二、石质材料

1. 石质材料的性能和用途

石质材料也被广泛应用于建筑的各个方面，它具有众多的优点：首先，石质材料具有防火、耐腐蚀、经久耐用的特性。由石质材料建造的建筑大都可以留存很多年代，基本不需要维护，在巨大压力之下仍能保持原形。其次，石质材料的色调和肌理范围涵盖了从光滑的白色石膏到粗糙的黑色熔岩，甚至其中的某些材料几乎没有色调和纹理结构的限制，可以制成坚固的矩形或是轻便的弧形。我们现在使用的石材，有些肌理图案简单朴实，有些则复杂精美，它们对人们的视觉和触觉有着独特的吸引力，为设计者的运用留出了很大的空间。

天然石质材料主要指天然大理石，人造石质材料主要有聚酯型人造石材、复合型人造石材、水泥型人造石材和烧结型人造石材。

2. 石质材料的施工

石质材料主要用在墙面和地面的装修中，下面介绍石质板材墙面和地面的做法。

（1）石质板材墙面的施工

石质板材的墙面天然石材较重，为保证安全，一般采用双保险的办法，即板材与基层用铜丝绑扎连接，再灌水泥砂浆。饰面板材与结构墙间隔 3 ~ 5 厘米作为灌浆缝，灌浆时每次灌入高度 20 厘米左右，凝实后继续灌注。石质板材的墙面施工工艺流程：基层处理→安装基层钢筋网→板材钻孔→绑扎板材→灌浆→嵌缝→抛光。

（2）石板地面装饰施工

室内地面所用的石板材料一般为磨光的板材，板厚 20 毫米左右，目前也有薄板，厚度在 10 毫米左右，适于家庭装饰用。每块大小在 300 毫米 ×300 毫米 ~ 500 毫米 ×500 毫米。可使用薄板和 1 ：2 水泥砂浆掺 107 胶铺贴。

图 7-10

图 7-11

图 7-12

图 7-13

图 7-14

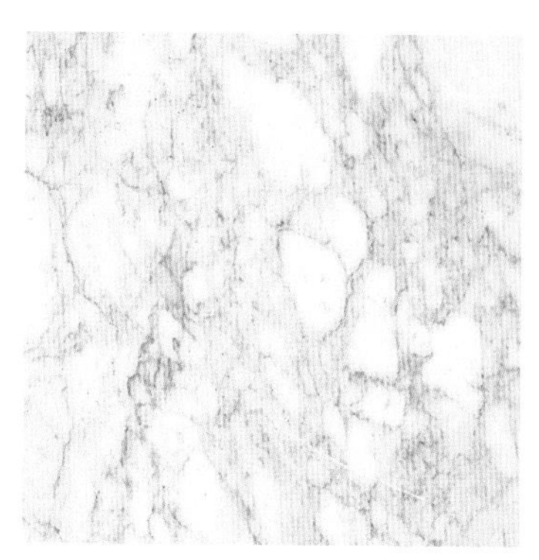
图 7-15

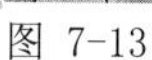

①石板装饰施工基本工艺流程：清扫整理基层地面→水泥砂浆找平→定标高、弹线→选料→板材浸水湿润→安装标准块→摊铺水泥砂浆→铺贴石材→灌缝→清洁→养护交工。

②石板装饰施工注意事项：铺贴前将板材进行试拼，对花、对色、编号，以使铺设出的地面花色一致。石材必须浸水阴干，以免影响其凝结硬化而发生空鼓、起壳等问题。

三、陶瓷类材

1. 陶瓷类材性能和用途

在建筑装饰工程中，陶瓷是最古老的装饰材料之一。随着现代科学技术的发展，陶瓷在花色、品种、性能等方面都有了巨大的变化，为现代建筑装饰装修工程带来了越来越多兼具实用性和装饰性的材料，在建筑工程中应用十分普遍。陶瓷类材料主要有釉面砖和地砖等。

2. 陶瓷地板的施工

（1）陶瓷地板的装饰施工基本工艺流程：铺贴彩色釉面砖类：处理基层→弹线→瓷砖浸水湿润→摊铺水泥砂浆→安装标准块→铺贴地面砖→勾缝→清洁→养护。铺贴陶瓷锦砖（马赛克）类：处理基层→弹线、标筋→摊铺水泥砂浆→铺贴→拍实→洒水、揭纸→拨缝、灌缝→清洁→养护。

（2）陶瓷地板装饰施工的注意事项：基层必须处理合格，不得有浮土、浮灰。陶瓷地面砖必须浸泡后阴干，以免影响其凝结硬化而发生空鼓、起壳等问题。铺贴完成后，2 ~ 3 小时内不得上人。陶瓷锦砖应养护 4 ~ 5 天后才可上人。

四、涂料类材料

1. 涂料类材料的性能和用途

涂料是指涂敷于物体表面，与基体材料很好地黏结并形成完整而坚韧保护膜的物质。由于在物体表面结成干膜，故又称涂膜或涂层。涂料与其他饰面材料相比具有重量轻、色彩鲜明、附着力强、施工简便、省工省料、维修方便、质感丰富、价廉质好以及耐水、耐污染、耐老化等特点。涂料的品种繁多，性能各异，按涂料的使用部位分别分类为外墙涂料、内墙涂料及地面涂料。

2. 乳胶漆的装饰施工

（1）乳胶漆墙面的施工工艺流程：清扫基层→填补腻子，局部刮腻子，磨平→第一遍满刮腻子，磨平→第二遍满刮腻子，磨平→涂刷封固底漆→涂刷第一遍涂料→复补腻子，磨平→涂刷第二遍涂料→磨光交活。

（2）乳胶漆装饰施工的注意事项：基层处理是保证施工质量的关键环节，其中保证墙体完全干透是最基本条件，一般应放置 10 天以上。墙面必须平整，最少应满刮两遍腻子，直至满足标准要求。乳胶漆涂刷的施工方法可以采用手刷、滚涂和喷涂。涂刷时应连续迅速操作，一次刷完。涂刷乳胶漆时应均匀，不能有漏刷、流附等现象。涂刷一遍，打磨一遍，一般应两遍以上。 腻子应与涂料性能配套，坚实牢固，不得粉化、起皮、裂纹。

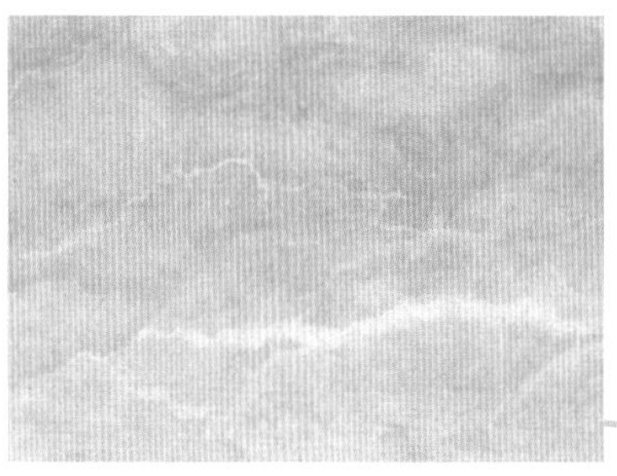

图 7-16

五、金属类材料

目前，建筑装饰工程中常用的钢材制品主要有不锈钢板与钢管、彩色不锈钢板、彩色涂层钢板和彩色压型钢板以及塑料复合钢板及轻钢龙骨等。铝合金广泛用于建筑工程结构和建筑装饰，如屋架、屋面板、幕墙、门窗框、活动式隔墙、顶棚、暖气片、阳台和楼梯扶手以及其他室内装修及建筑五金等。在现代建筑装饰方面，铜材集古朴和华贵于一身。可用于外墙板、执手或把手、门锁、纱窗（紫铜纱窗）、西式高级建筑的壁炉。在卫生器具、五金配件方面，铜材具有广泛的用途。常见的铜质卫生器具有洗面器配件、浴盆配件、妇洗器配件、坐便器配件、蹲便器配件、小便器配件、洗涤盆配件、淋浴器配件等。由于金属材料的加工需要专业的设备，大部分的金属材料都是由工厂加工后运抵现场。

图 7-17

六、玻璃类材料

玻璃是建筑中用量比较大的一类材料，主要利用其透光感和透视特性，用作建筑物的门窗、橱窗及屏风等装饰。有普通平板玻璃、磨光玻璃、浮法玻璃、花纹玻璃和有色玻璃等品种。平板玻璃是建筑玻璃中用量最大的一类，普通平板玻璃是传统的玻璃产品，主要用于门窗，起着透光、挡风和保温的作用。要求无色，并具有较好的透明度和表面光滑平整，无缺陷。磨砂玻璃是用普通平板玻璃、磨光玻璃、浮法玻璃经机械喷砂，手工研磨（磨砂）或氢氟酸溶蚀（化学腐蚀）等方法将表面处理成均匀毛面，又称毛玻璃、暗玻璃。因其表面粗糙，使光线产生漫射，故只有透光性而不能透视，使室内光线柔和而不刺目。常用于需要隐蔽的浴室、卫生间、办公室的门窗及隔断，还可用作黑筒，在玻璃单面或双面上压有深浅不同的各种花纹图案。由于花纹凹凸不同使光线漫射而失去透视性，透过率减低为 60% ~ 70%，故它具有花纹美丽、透光而又不透视的特点。压花玻璃适用于要求采光、但需隐秘的建筑物门窗，有装饰效果的半透明室内隔断及分隔，还可作卫生间、游泳池等处的装饰和分隔材料。 玻璃材料的加工主要由专业的加工企业完成，现场加工的情况已经很少见。

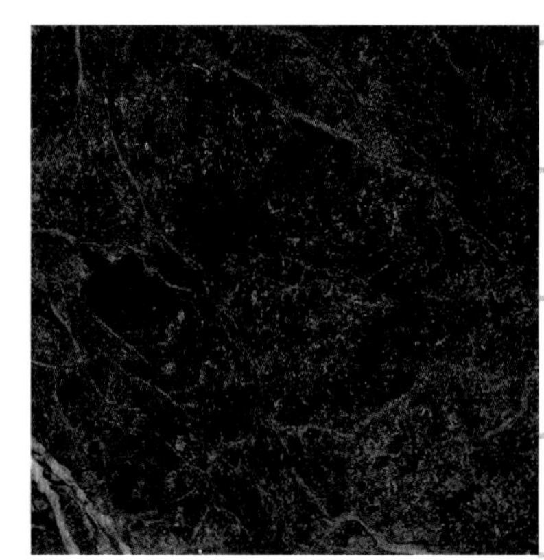

图 7-18

课后习题：

1. 搜集各种常用装修材料的资料，分析这些材料的应用范围。

2. 木地板是家庭装修中最常用的地面装修材料，请你根据市场变化，调查价格、外观、市场的流行趋势，做一个装修用木地板市场分析报告。

3. 组织一次工地考察，写出一份关于室内施工工艺的报告。可选其中一个施工流程，也可多个。

4. 搜集有关服饰商店资料，设计一面服装展示墙。

第八章 室内陈设设计

学习目标：了解家具的历史和分类；把握家具设计发展趋势，合理的选择和设计家具；了解室内织物和陈设艺术品的分类和特点，能合理应用到设计中。

学习重点：室内陈设设计的要求和注意点。

学习难点：家具的选择与设计，室内艺术品陈设设计。

良好的室内陈设除了能使人怡情遣兴外，更能陶冶心性，产生潜移默化的积极作用。本章主要阐述室内设计中陈设设计，包括陈设设计、家具设计，室内绿化设计等。

第一节 家具、陈设品设计

室内陈设设计的概念具有广泛的内涵，大到建筑的一些构件、小到家具上的一些摆设，都是室内陈设设计的范畴。我们这里所说的室内陈设设计主要指对室内空间所包含的家具、织物、陈设艺术品等进行的设计。室内陈设设计对室内设计的成功与否起着重要的作用，有着重要的意义。陈设之物对于室内环境如同花草树木、山、石、小溪、水榭、曲径在公园中的作用一样，是赋予室内空间生机与精神价值的重要元素。室内空间如果没有陈设品将是很乏味和缺乏活力的，犹如仅有骨架没有血肉的躯体一样是不完善的空间。

一、家具

家具既有实用功能，又能像艺术品一样供人欣赏，因此，在陈设设计中具有十分重要的地位。家具的种类很多，按原料来划分，凡主体是木质的通称木家具；主体是金属的通称金属家具（包括铝合金家具）；凡塑料制成的通称为塑料家具；竹藤制成的通称竹藤家具等。若按用途划分，一般分民用家具，宾馆、饭店家具，办公家具等。若按用料细分，目前市场家具的种类主要包括：实木（全木）家具、人造板家具（也称板式家具）、弯曲木家具、软体家具、金属家具、聚氨酯发泡家具、玻璃钢家具等。

中国传统家具的历史可以一直向上追溯到我们文化开始的源头。中国传统家具从新石器时代开始，经过三代到春秋战国以至先秦两汉、魏晋南北朝、隋唐五代和宋元，一直到明代才发展到中国古典家具的顶峰；之后的“清三代”还能承其遗韵，再后就“江河日下”。在民国及解放初期，传统家具虽有所发展，但缺乏足够的影响。中国的传统家具在当代能够发展起来，是改革开放二十多年来的成果之一。室内设计、装饰行业的不断发展，使家具设计与居室文化的关系越来越密切，也越来越引起行家们的重视。（图 8–1）

图 8-1

欧式家具以其浓郁的风情、华丽的装饰、精美的造型，带给我们强烈的视觉享受。一讲到欧式家具，很多人就会想到“金碧辉煌”。其实，欧式家具的美丽不仅仅在于它华丽的外表，更重

图 8-2

图 8-4

图 8-6

图 8-3

图 8-5

要的是它厚重的历史和经久不衰的传奇。而对于细节的精致处理，大概才是其魅力真正之所在。考究的材质，精湛的工艺，加上设计师独具匠心的设计，使得欧式家具向大家展现出特有的贵族气质。

北欧风格以简洁著称于世，并影响到后来的“极简主义”、“后现代”等风格。北欧家具被普遍认为是最有人情味的现代家具（见图8-5）。他们很在意人坐怎样的椅子觉得不累。被称为“丹麦家具设计之父”的克林特，为研究座椅的实用功能，他会在设计之前画出各种各样的人体素描，在比例与尺寸上精益求精，并运用技巧将材料的特性发挥到极致。

近代家具设计发展大致有以下趋势：

1. “以人为本”是当今家具设计的基本原则

任何一件家具的设计开发都是以人们生活需要为前提，为提高人们生活质量而开发出来的。“适用”是家具设计中的一个基本属性。人们对家具的要求，首先是具有实用性功能，为使用者提供符合人体生理，舒适方便，功能合理的性能，对人体不会造成伤害，如能适应人体姿势的变化，有足够强度，触感良好，安全无毒等。这就需要设计者对人体构造、尺度、动作、行为、心理等人体生理特征有充分的理解，即按人体工程学原理进行家具设计，要研究不同人群的行为科学、生活方式。

2. 家具造型多样化、个性化

人们对家具的要求除满足实用功能外，越来越重视满足心理、审美精神、文化方面的需要。当今信息化时代，传统与现代、外来与本土、民族或地域文化与国际化多元文化碰撞，人们的价值观、消费观念、审美情趣等各不相同，导致消费需求的多样化、个性化。任何家具形态都是通过点、线、面、体的色彩，质感等造型要素有机组合构成的。设计师运用美学法则取舍不同形状、比例、体量、不同质感的材料进行造型要素的协调处理，以获得不同风格的家具。

3. 绿色设计，走可持续发展的道路

所谓绿色设计，就是维护人类地球绿色环境的设计，也就是不破坏地球资源，不危害地球环境的设计。绿色设计要点是所设计的产品对人必须是安全无害，健康的，与环境融洽；尽可能节省材料，选用可以再生、易于再生的材料；在生产、消费和废弃过程中不污染环境，节约能源；尽可能避免使用危害环境的材料和不易回收再利用的材料。

4. 家具设计应与科技创新开发相结合

家具设计在研发新产品时，必须考虑材料结构、加工工艺设备等物质技术条件，这是保证实现家具功能和造型的基础。为此，家具创新设计往往同时要对材料、结构工艺等进行开发研究。

图 8-7

二、室内织物

室内装饰纺织品在品种结构、织纹图案和配色等各方面较其他纺织品更要有突出的特点，也可以说是一种工艺美术品。根据国外和中国的实际情况可以将室内织物种类概括为：“巾、床、厨、帘、艺、毯、帕、线、袋、绒。”

图 8-8

当前织物的使用已渗透到室内设计的各个方面。室内设计是形、色、光、质的有机组合体，而织物在这几个方面都能扮演着重要的角色。织物以其在室内覆盖面积大的特点，对室内的气氛、格调、意境的调节起到了很大作用。织物具有柔软特性，手感舒适，能有效地增加舒适感。室内空间只有通过家具和其他设备，才能赋予其真正的使用价值，而织物则增添了人们使用家具时的舒适感。例如，地毯给人们提供了一个富有弹性、防寒、防潮、减少噪声的地面；窗帘可以调节温度和光线、隔声和遮挡视线；陈设覆盖物可以防尘和减少磨损；屏风、帷幔等可以挡风和形成私密空间；墙面和顶棚采用织物可以改善室内音响效果等。

三、室内陈设艺术品

室内陈设艺术品的主要作用是打破室内单调呆板的感觉，给室内增添动感和节奏感，加强室内空间的视觉效果。陈设艺术品之间的大小比例、高低、疏密、色彩对比等都会使居室中的整体装饰产生节奏和韵律变化。在室内环境中，陈设艺术品往往起着画龙点睛的重要作用。陈设艺术品的最大功效是增进生活环境的性格品质和艺术品位，不仅具有观赏作用还可以起到陶冶情操的作用。

四、室内陈设设计的要求和注意点

在满足功能的前提下，室内陈设组合必须是一个非常和谐统一的整体。家具、陈设用品要与室内设计的整体风格相协调，不然会使居室内有一种凌乱的感觉。在室内空间整体中每个陈设要素必须在艺术效果的要求下，充分发挥各自的优势，共同创造一个高品质的室内环境。室内的家具、织物、陈设艺术品的选择与设计，必须有整体观念，不能孤立地评价物品的优劣，关键在于看它能否与室内整体环境相协调一致。整体搭配得当，即使是粗布乱麻，也能使室内生辉。在众多室内陈设中最主要的是织物，室内的地面、墙壁、家具以及床上用品大多用织物作装饰。所以在选择和制作时，一定要用同一色彩的织物，造型上也一定要互相协调。

现在，人们在居室内装饰地面大都采用地毯。在不同的室内环境中应选择比较合适的样式并与室内装饰的格调相协调的地毯，如在居室内因家具等物较多，可用素色纹样的地毯。地毯铺设应根据室内陈设艺术的结构，不可孤立地考虑而影响到室内的整体效果，这不仅取决于本身色彩的发挥，而且还取决于它与室内家具陈设物之间的综合关系。

图 8-9

家庭居室的设计风格是选择室内陈设品的关键。首先要根据个人喜好来确定风格，古典的、现代的、中国的、西洋的等。其次再确定居住空间内陈设的类型，如选择织物、工艺品、金属装饰品、雕塑、绘画、书法以及绿色植物等。装饰艺术用品，应根据不同的环境来选择，可以是灯具、家具、玩物、餐具、古董等（见图 8-9）。例如：居室是一种古典风格的，可选择仿明清家具，内用青花陶瓷来装饰，加一些水墨画（国画） 及古玩，就很有东方古典的韵味。如果是现代风格的居室，则可以在灯具造型上、家具选择上下功夫，选择造型现代化的金属家具或木制家具等，适当地增加一些现代雕塑、绘画以及绿化，这样气氛自然就创造出来了。一个好的、轻松、温和的环境，与陈设艺术品的作用是分不开的，只要是合乎环境需要的物品，就是好的陈设艺术品。

陈设艺术品的布置是一项颇费心思的工作。由于室内环境条件不同，个人修养各异，难以建立某种固定而有效的模式。因此，只有根据各自的需要，依据个别的灵性意识转化为创造力，才能做到得心应手，获取独特的效果。

第二节　绿化设计

一、绿化对室内环境气氛，以及对人心理的影响

室内绿化是一个改善居住环境的有效方法，绿化给人们带来的不仅仅是物理环境的改变，更重要的是它对人们心理健康具有积极作用。

1. 装饰美化作用

根据新房装修以后的室内环境状况进行绿化布置，不仅仅针对单独的物品和空间的某一部分，而是对整个环境要素进行安排，可以将个别的、局部的装饰组织起来，以取得总体的美化效果。

图 8-10

2. 改善室内生活环境质量

现在人们对新装修房屋的室内环境污染问题越来越重视，中国室内环境委员会监测中心研究发现，室内的绿色植物枝叶有净化室内环境的作用，同时植物还有滞留尘埃、吸收生活废气、释放和补充对人体有益的氧气、调节空气湿度和降低噪音等作用。 夏日阳台上的牵牛花、金银花、葡萄等绿色植物，不仅可以遮阳，而且可以形成绿色屏障并降低室内温度，有利于节约能源。（图 8-10）

3. 改善室内空间的结构

在家庭装修中，绿化装饰对空间的构造也可发挥一定作用。如根

据人们生活活动需要运用成排的植物可将室内空间分为不同区域；攀缘格架上的藤本植物可以成为分隔空间的绿色屏风，同时又将不同的空间有机地联系起来。运用植物本身的大小、高矮可以调整空间的比例感，充分提高室内有限空间的利用率。

二、家庭和阳台的绿化布置形式

家庭和阳台的绿化布置一般有悬垂式、藤棚式、附壁式、花架式、花槽式等几种形式，在居住环境中培植、放置绿色植物给人以生命的气息和动态的美感，满足了人们渴望亲近大自然的需求。随着生活水平及文化素养的不断提高，人们对日常生活、室内工作环境的要求越来越丰富。豪华的现代家具、电器、办公用品可以使室内熠熠生辉；而恰当的绿化装饰则使室内环境高雅、清新，起到任何其他物品起不到的装饰效果。室内绿化装饰，已成为改善室内环境的一种追求和时尚，展现出一种时代风貌和对精神文化需求。

据测定，一个标准房间内如放置 10 株中等大小的绿色植物，其负氧离子数目会增加 2 ~ 2.5 倍，负氧离子增加会使人倍感空气清新、心情愉悦。在美化环境、装饰空间的同时，室内植物可以改善人的情绪，缓解焦躁、稳定情绪，使人心情舒畅；另外，还有些植物散发出的气味有助于人体健康。

图 8-11

图 8-12

课后习题：

1. 家具在室内设计中有什么重要作用？谈谈你对家具的形态、机理、色彩等在室内设计中作用的理解。尝试设计一组现代家具，要求功能合理，美观大方。画出家具草图。

2. 设计一组学校寝室用家具。要求美观，满足学生的日常使用要求，并制作出模型（材料不限）。

3. 室内陈设的原则有哪些？为什么？根据这些原则做一个客厅陈设布置图。

第九章 室内物理环境设计

学习目标：熟悉各种不同的灯具性能和形状，掌握室内照明的设计方法，了解室内设计中对防噪、温度和通风等的要求。

学习重点：室内照明设计，隔热保暖以及通风设计。

学习难点：如何利用光色表现室内气氛。隔热保暖设计如何与室内装修相结合。

室内物理环境的内容涉及光、声、隔热保暖以及通风设计等诸多领域，对其进行设计、改造，有利于创造一个审美价值高、生活质量好的室内环境。本章内容主要介绍室内物理环境设计等内容，重点阐述室内照明设计的要求。

第一节 室内照明设计

室内照明是室内设计的重要组成部分。室内照明不但能解决实际生活所需要的亮度，而且能丰富室内空间，增强室内艺术效果，提高室内空间的品质。室内采光的光源按性质分可分为自然光源和人工光源。合理的使用自然光源可以节省能源，也能达到很好的艺术效果。本节重点叙述人工光源的种类，设计依据、方法以及人工光源的艺术效果。

一、人工光源的类型

室内人工光源的获得主要是靠一系列灯具来实现的，现代室内设计中常用的灯具大致有热辐射光源和气体放电光源两大类型。热辐射光源主要以白炽灯为代表，气体放电光源主要包括荧光灯、高压放电灯等。白炽灯是人们较为常用一种灯具，它以造价小、通用性强、彩色品种多的优点，博得设计者的青睐。然而，白炽灯的使用寿命相对较短，产生的光通量较弱，因此正逐渐被其他品种的灯具所代替。荧光灯是一种低压放电灯，灯管内是荧光粉涂层，它能把紫外线转变为可见光，并有冷白色、暖白色和增强光等。荧光灯以其节约用电、品种较多的特性正占据着室内灯具的主导地位。高压放电灯主要用于工业和街道照明。这种类型的灯具可以产生较大的光通量，使用寿命也较长，适合一些特殊场所使用。随着科技的发展，灯具的类型和造型已经被设计得更为科学，也更方便于室内光线的设计。

图 9-1

图 9-2

二、灯具的种类（按照配光特征来分）

1. 直接照明型灯具：光源直接照射到物体上，其特点是能满足室内环境的照明要求，醒目、强烈。常见的有投光灯、台灯、地灯、筒灯等。学校、办公室、商场、工厂等大多数公共场合需要较高亮度，大部分都使用直接照明灯具。（图 9-1）

2. 半直接照明型灯具：其特点是向下的光线仍占优势，少量向

图 9-3

图 9-4

图 9-5

上的光线使顶棚暗部得到改善。适合需要创造气氛和要求经济性的场所。如荧光吸顶灯，常在一些办公环境、学校、饭店等 地方使用。

3. 半间接照明型灯具：其特点是向外光占很小的一部分，暗槽内部较亮，以创造气氛为主，如暗槽式反射灯。（图 9–4）

4. 间接照明型灯具：其特点是全部光向上，通过墙面或顶棚反射出光线，如壁灯等。（图 9–5）

5. 全漫射式照明型灯具 其特点是向上向下的光大致相等，具有直接照明和间接照明特点，房间反射率高，如带有半透明灯罩的吊灯等。

三、照明方式

1. 整体照明：指使室内环境整体达到一定的照度，满足室内基本的使用要求。学校、办公室、商场、工厂等大多数公共场合需要布置整体照明。

2. 局部照明：指集中光源创造小环境空间意境，或提高局部工作区的照度，以利于工作。这种照明方式适用于住宅、娱乐业等场所。

3. 装饰照明：装饰照明的目的不在于满足照度的使用要求，而在于需要更多地考虑用光源的光色变化和灯具的排列组合达到美化和艺术照明的效果，通常展示某些物品用的射灯照明也归于此类。装饰照明常见于娱乐、商业和展示设计中。（图 9–6）

图 9-6

4. 特种照明：一般指用于指示、引导人流或注明房间功能、分区的指示牌。广告灯箱也常被认为是特种照明的一种。特种照明广泛应用于各类室内设计。

四、照明设计的原则

与室内设计的其他要素一样，室内设计中照明的运用也有其必须遵循的原则。

1. 室内照明的设计必须兼顾质与量两个方面的要求：所谓量即指要满足合适的光线照度要求和卫生要求，质则指光线对室内环境气氛的影响。合理的室内光线设计应是光线均匀、柔和而且视野开阔；光线分布不均匀，明暗对比落差大，都会使我们的眼球因频繁的调节视距而造成眼肌的疲劳。在处理室内环境光线时，要结合建筑物的使用要求、建筑空间尺度及结构形式等实际条件，对光的分布、光的明暗构图、装修的颜色和质量做出统一的规划，利用灯具自身的艺术性或灯具自身具有规律的布置方式，在满足使用功能的基础上，使之达到预期的艺术效果，并形成舒适宜人的光环境。（图 9–7）

图 9-7

2. 避免眩光的照明设计方法：采用眩光少的一般照明。重点照明不仅要考虑照射方向和角度，还要考虑它的反射光。在商业空间设计中为了重点照明，用强光向商品照射时，光源要被充分遮挡，以防止眩光。装饰用灯具不可兼作一般照明和重点照明。采用背景照明方式，即照明器组合式照明，使朝下方向的配光多一点，把商品照射得亮一些，使朝上的方向光也漏出一点，以改善顶棚面的阴暗，但有时也不一定采用上述形式。提高墙面照明，使商店有明亮感。以荧光灯、聚光型灯具对墙面和隅角照明，有时也有效果。

五、室内照明艺术

1. 创造气氛：光的亮度和色彩是决定气氛的主要因素，光的刺激能影响人的情绪。降低光的亮度，可以使房间更亲切。而暖色系的灯光，可以使整个空间具有温暖、快乐、活跃的气氛。（图 9–8）

图 9-8

2. 增加空间的光影效果：利用可调光线，通过格片、格栅形成的光影投射在某个界面上形成类似图案的光影变幻效果，或利用光束将投影之物体映在背景面产生阴影效果，如将植物之阴影投射在物墙上。将物体置于视者与背景光面之间，背景是亮面，物体是暗面，可以加深视者对物体外形轮廓之印象，常用于室内雕塑的光影处理。

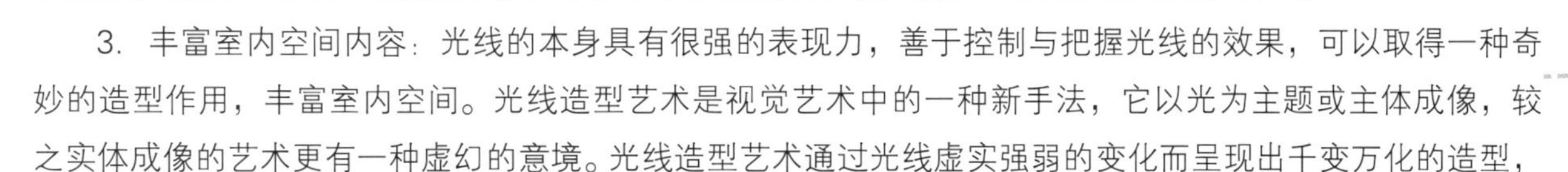

3. 丰富室内空间内容：光线的本身具有很强的表现力，善于控制与把握光线的效果，可以取得一种奇妙的造型作用，丰富室内空间。光线造型艺术是视觉艺术中的一种新手法，它以光为主题或主体成像，较之实体成像的艺术更有一种虚幻的意境。光线造型艺术通过光线虚实强弱的变化而呈现出千变万化的造型，受到众多设计师的欢迎。

4. 灯具本身的艺术魅力：灯具本身也是一种营造气氛的元素。贯通几层楼的水晶吊灯可以造成一泻千里的澎湃气势；小巧精致的石灯笼能将花枝摇曳的庭院幽境带入室内；雕花扎锦的宫灯可以为中式宴会增添喜庆气氛（见图 9–9）；造型简洁的现代台灯可以为书房一隅勾勒出属于自己的一块小天地；华丽的灯具不仅给空间增光添色，也能成为视觉的中心。（图 9–10）

图 9-9

图 9-10

六、人工照明设计程序

1. 要明确环境的性质和照明设施的目的。

2. 确定适当的照度，根据照明目的选择适当照度的灯具，根据使用要求选择照度分布。

3. 照明质量，要考虑室内最亮的亮度与最暗面的亮度比以及主体物与背景物之间的亮度比和色度比，要避免眩光。

4. 选择光源，要考虑色光效果以及心理效果，光源的发光效率，使用的实际情况，灯具表面的温度等。

5. 确定照明方式，根据具体要求选择不同照明方式的灯具。

6. 照明器的选择，要考虑灯的效率、配光和亮度、灯具的形式和色彩，还要考虑与室内设计的整体协调。

7. 照明器的位置选择。

8. 网线的分布和施工方法。

9. 考虑灯具的经济性和维修。

10. 要和其他工种配合好。

第二节 室内防噪、温度和通风设计

一、室内设计中的防噪要求，处理方法

人的一生都暴露在声环境中，听觉环境既要满足音响方面的功能要求，又要与场所的外观相适应。凡是干扰人的活动（包括心理活动）的声音都是噪音。噪声对人的工作与生活有相当明显的影响，它对人的生理和心理产生一系列的不利影响。防范噪声是在室内设计中必须要考虑的内容。室内防噪的处理方法有很多，大致来说有以下几种：

图 9-11

1. 利用吸声材料降低室内或室外噪音干扰。多孔吸声材料是普遍应用的吸声材料，其中包括各种纤维材料、玻璃棉、岩棉、矿棉等无机纤维以及棉、毛、麻、棕丝或木质纤维等有机纤维。

2. 利用吸声结构降低室内或室外噪音干扰。吸声结构一般有两种：一种是空腔共振吸声结构。其结构中间封闭有一定体积的空腔，并通过一定深度的小孔和声场空间连通。各种穿孔板、狭缝板背后设空气层形成吸声结构，如穿孔石膏板、胶合板、金属板等。另一种是薄膜、薄板共振吸声结构。它是利用皮革、塑料薄膜等材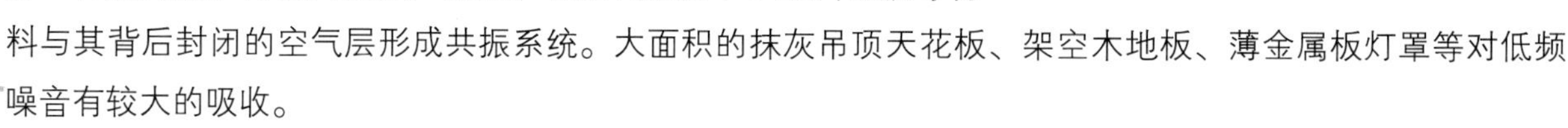料与其背后封闭的空气层形成共振系统。大面积的抹灰吊顶天花板、架空木地板、薄金属板灯罩等对低频噪音有较大的吸收。

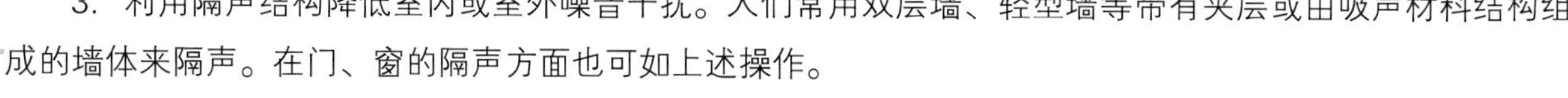

3. 利用隔声结构降低室内或室外噪音干扰。人们常用双层墙、轻型墙等带有夹层或由吸声材料结构组成的墙体来隔声。在门、窗的隔声方面也可如上述操作。

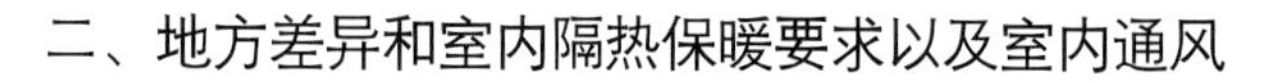

二、地方差异和室内隔热保暖要求以及室内通风

由于自然规律作用，室内环境温度一直在持续地变化。虽然人体自身具备自行调节以适应室内温度的功能，但对过高或过低温度的调整和适应，会使人们的身心承受一些负担，这些负担造成了生理的不舒适感。

对于什么才是舒适的室内环境这个问题，各国科学家很早就做了研究。如美国暖气通风工程师学会就制定了人的舒适线图，图中表明室内温度在 13℃以下人会感到“不舒适的寒冷”，36℃以上会感到“不舒适的炎热”，4l℃以上会感到“难以忍耐”。 因此，室内舒适范围为 23℃ ~27℃。

当然，在实际生活中很难找到一个达到理想状态的环境。而且，还有一些因素会影响这个状态。我国幅员辽阔，南方和北方温度差异也很大，对保暖隔热的要求也不一样。但是由于空调的普及，人工调节供暖制冷的室内环境已是十分普遍，南北方地区的差别在缩小。

室外自然空气给人以清新、神怡之感。室内设计中，不能因装修影响窗户的开启和通风量，更不能将窗户封闭。各种不同装修材料的大量使用，很容易造成室内空气污染（特别是刚装修结束），通风可以很好地缓解装修初期的带来的污染问题。许多化学涂料也在无形中散发着对人体有害的气体，一些家具黏合剂和家电都对室内环境有一定的污染。所以要求室内装修时尽量少用化学用品，并在施工结束后空置一段时间，加强通风，使有毒物质挥发完后再投入使用。

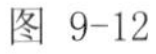

图 9-12

图 9-13

课后习题：

1. 灯具的种类有哪些？还有别的分类方法吗？请调查当地建材市场，搜集各种灯具的资料，然后分类，建立自己的照明设计资料库。

2. 室内照明设计有哪些要求？做一份室内照明设计分析报告。

3. 现代社会，空调已普遍使用，如何在设计中体现节能的要求？

4. 谈谈室内设计中对通风的作用和要求，在通风设计中要注意哪些问题，如何和其他方面设计配合？

第十章 居住空间设计

学习目标：了解居住空间设计的基本概念及理念；在对家居各个区域功能分析的基础上，掌握家居设计的步骤及注意点，能设计有个性的居住空间。

学习重点：居住空间的社交区域设计。

学习难点：起居室、卧室设计，居住空间色彩设计。

居住空间对人们的生活和工作有着很重要的意义。人们一直在通过各种各样的建筑手法来满足居住空间的需求。现代居住空间主要有集合式环境、公寓式环境、别墅式环境、院落式环境和集体宿舍等几大类型。然而，无论居住空间的类型有多少，居住空间的发展将会是什么趋势，居住的空间都可以概括为社交区域、私密区域以及辅助区域三大块。

第一节 居住空间的社交区域设计

随着社会经济的进一步发展和生活水平的不断提高，人们对居室环境多样化与现代化的要求越来越高。根据业主的不同年龄和受教育程度进行现代居住空间的设计，以体现生活方式与生活空间的多样化，已成为设计师们的新追求。

图 10-1

居住空间的社交区域是主人相聚、会客和娱乐的场所，它应该为日常谈话、娱乐、就餐等活动提供适宜的空间和气氛。社交区域一直广受人们的重视，中世纪欧洲的室内设计在社交区域就是设计师策划的重点，当时社交区域的装饰，是主人尊贵与权利的象征。如今，各种娱乐活动的产生，对社交区域的设计做出了重新的定位，人们会在社交区域享受电影和音乐，会在社交区域开私人派对，甚至会在社交区域从事家庭工艺制作等。同时，社会人群年龄结构的变化和人们休闲时间的增加，使人们有了更多的时间使用社交区域的空间。可以说，在当代，社交区域在居住空间中利用率最高。具体地说，居住空间的社交区域一般包括门厅、起居室、餐厅、活动室几个部分。

一、门厅

门厅又叫玄关，是人们对居室环境的第一印象，它的效果直接影响整个居室环境的气氛与品味。门厅一般有三种形式：独立式门厅、通道式门厅和虚拟式门厅。独立式门厅是指门厅本来就以独立的建筑空间存在或者说是转弯式过道，对于这种样式的门厅，设计者需要重视的是门厅的功能利用和装饰的问题。通道式门厅是指以“直通式过道”的建筑形式存在的门厅。虚拟式门厅是指建筑本身没有作出设置，是设计者根据功能需要分割出某一部分空间而形成的门厅，这种门厅的设置一般是为了避免居室入口直视起居室、卧室或是一些不适宜被外人直视的区域。如图 10-1 所示，通过弧形的花纹玻璃割断，即很好地解决了直视区域遮挡的问题，又形成材质对比。如果门厅空间很小，最好选择清淡明亮的色彩；如果门厅更宽敞的话也可以选用颜色相对丰富而深暗的颜色。不过，最好避免在这个局促的空间里堆砌太多令人眼花缭乱的

图 10-2

图 10-3

图 10-4

色彩与图案。（图 10–2）

在一般居家空间中，门厅的空间一般不大，放置家具往往比较困难，既不能妨碍业主的出入，又要发挥家具的使用功能。通常的选择有两种：一种是低柜，另一种是长凳。低柜属于集纳型家具，可以放鞋、杂物等，柜子上还可放些钥匙、背包等物品，还有些人喜欢将低柜做高，成为敞开式的挂衣柜。长凳的作用主要是方便主人换鞋、休息等，而且不会占去太大空间。图 10–3 中主要家具就是低柜，简洁明快。

门厅的采光是门厅物理环境设计的主要部分。门厅作为进入建筑内部给人留下第一印象的地方，需要有足够的光线。考虑到门厅的光线大都较弱，所以配合一定的人工光源是必要的。暖色和冷色的灯光在门厅内均可以使用。暖色制造温情，冷色则更清爽。

二、起居室

起居室是家庭中最重要的空间，由于其独有的空间特性，往往决定着整体装修的风格与特色，直接影响家居氛围的营造。起居室通常是人们接待客人、视听、陈列贵重物品或者展示他们的品位以及收入水平的地方。起居室的规模大致有小型、中型和大型三种。小型起居室的尺度一般是 360 cm × 540 cm，中型起居室的尺度一般是 450 cm × 600 cm，大型起居室的尺度一般是 600 cm × 780cm。在大中型起居室中，还可以根据实际情况设立出几个活动分区。

起居室是全家展示性最强的部位，色彩运用也最为丰富。起居室的色彩设计在居住空间设计中尤为重要。通常起居室的色彩应亮丽且层次丰富，在大面积的墙面、顶面与地面中运用低彩度的色彩，并适当插入一些高彩度的色彩，使整个空间环境构成融洽、欢快的气氛。如图 10–4，地毯鲜艳、丰富的色彩给人耳目一新的感觉。确定起居室的色调时还应考虑空间的大小，一般小空间起居室的色调以淡雅为宜，常用高明度的色彩；大空间的起居室可选择中性色彩，也可采用低明度的色彩，如图 10–5 所示。

起居室的家具应根据该室的活动和功能性质来布置，其中最基本也是最低限度的要求就是设计包括茶几在内的一组供休息、谈话使用的座位（一般为沙发）以及相应的诸如电视、音响、书报、饮料等设备和用品，其他要求则要根据起居室的单一或复杂程度，增添相应家具设备。多功能组合家具，能存放多种多样的物品，常为起居室所采用。整个起居室的家具布置应做到简洁大方，突出以谈话区为中心的目的，弃

图 10-5

图 10-6

图 10-7

图 10-8

用与起居室无关的一切家具，这样才能体现起居室的特点（见图 10-7）。在一些起居室中还可以根据主人的需要设置小型的吧台（见图 10-8），这样既丰富了起居室的空间，又提高了主人的文化品位。

起居室的绿化首先要依据客厅布置的格调来选择；其次，植物的摆放位置不但要方便人行走，而且要尽量丰富空间层次；此外，植物的色调质感也应注意和室内色调协调一致。如果环境色调浓重，则植物色调应浅淡些。艺术饰品也是起居室不可缺少的一个主题，往往能体现出起居室的文化及艺术气息，也是人们的视角焦点。艺术饰品要精挑细选，并偶尔调整艺术饰品的位置，才会保持新鲜感。

起居室的采光除了自然光源之外，人工照明是设计者需要注意的一个重要的问题。起居室的人工照明又分为整体照明与局部照明，整体照明主要是在起居室的顶部布置吊灯或射灯，而局部照明则是在客厅的细节处布置台灯或壁灯。起居室一般不需要太强烈的人工照明，主要要考虑的是与整体环境的配合。选择光线柔和的吊灯作为整体照明，可以让起居室处于一种悠闲温馨的氛围中，还可以在沙发边设一盏台灯或壁灯这样的细节照明，方便主人在起居室阅读或是与客人坐在一起细语轻谈（见图 10-9）。如果客厅的面积不大，那么一个可以调节亮度的吊灯就足以满足大多数家庭的需要，再搭配上局部照明，那么整个客厅的光线明暗与集中就可以随业主的心意而调整了。

客厅中除了照明以外，还有一个会影响整体物理环境的因素就是通风。一般起居室的窗户兼有采光与通风的作用，一扇又大又宽的窗户不仅能让起居室充满温暖的阳光，还能带进阳光的味道。起居室中最好不要有较高大的物件挡在窗前或处于空气流动的主要区域内，这样会影响通风效果。

图 10-9

三、餐厅

餐厅在现代家庭中正日益成为重要的活动场所，它不仅是家人日常进餐的地方，也是宴请亲朋好友、谈心、休息与享受的地方，良好的餐厅设计会使室内环境增色不少。家庭餐厅的布置形式有三种：厨房兼餐厅、起居室兼餐厅、独立的餐厅。厨房兼餐厅常见于厨房较大的家庭，这种布置就餐时上菜快速简便，能充分利用空间，较为实用。现代单元式居住空间往往没有设立正式的餐厅，一般利用起居室隔出一个理想的用餐区。这种类型的餐厅可以与起居室在空间上作灵活处理。如用壁式家具作闭合式分隔，用屏风、花格作半开放式的分隔，用矮树或种植槽作象征性的分隔，甚至不作处理。

餐厅多为中小型空间，色彩宜用亮的暖色和明快的色调，以达到扩大空间感的效果。餐厅家具的色彩可以相对活跃一点，采用与整体色对比的色彩。餐厅的色彩设计应满足进餐和提高食欲的要求，并且要有一定的卫生、清洁的象征性色彩。

家庭餐厅中的家具陈设主要是餐桌与餐椅。餐桌的大小要与餐厅面积和形状相配。餐桌椅的高度配合须适当，应避免过高或过矮。餐厅的陈设既要美观，又要实用。设置在厨房中的餐厅的装饰，应注意与厨房内的设施相协调。设置在客厅中的餐厅的装饰，应注意与客厅的功能和格调相统一。餐厅其他的软装饰品，如字画、瓷盘、壁挂等，可根据餐厅的具体情况灵活安排，以点缀环境，但要注意不可因此喧宾夺主，以免餐厅显得杂乱无章。

餐厅的照明主要是给餐桌的表面进行照明，另外就是对就餐者的照明。餐桌台面照明是水平面的照明，就餐者的照明是垂直面的照明，这是餐厅照明主要考虑的要素。餐厅照明强调氛围，不太考虑周围的环境。比如说家里人或者是和比较亲近的人就餐，周边的环境照明相对来说可以弱一些，更强调整个氛围的聚拢。如果是比较正式的客人，可能还需要周边点缀性的照明。

第二节　居住空间的私密区域设计

一、卧室

卧室空间一般设有睡眠区、梳妆区、贮物区以及小型的学习休闲区。睡眠区是卧室的中心区，应该处于空间相对稳定的一侧，以减少视觉、行走对它的干扰。睡眠区主要由床和床头柜组成。在兼有卫生间的卧室中，梳妆区一般可纳入卫生间的梳洗区中。没有专用卫生间的卧室，则应该考虑辟出一个梳妆区。梳妆区主要由妆台、梳妆椅、梳妆镜等组成。贮物区是卧室中不可缺少的组成部分，一般以贮存家具（即衣柜）为代表，在一些面积较为宽裕的卧房中，可考虑设置贮存室，将所有衣物有序纳入这一空间，这一形式在欧美较为盛行。学习休闲区的设置主要考虑有些卧室兼有阅览、书写或观看电视等要求。所以，配以书写桌、小书柜、座椅或是休闲双人沙发以及电视柜等。

卧室是人们睡眠、休息的地方，它要求舒适、宁静的环境，往往使用柔和的色调。卧室中较为理想的色彩应该是以淡雅、稍偏暖的色系为主调，如淡蓝紫、淡粉橙、淡黄褐等，才会使人产生温馨柔和的视觉心理。值得一提的是，卧室中的帷帘、床罩等“软装饰”较多，面积也较大，在设计和选购的时候，一定要合乎房间的主色调，或者与房间主色调相协调。“软装饰”中的花纹图案，无疑会丰富室内的色彩（见图 10-11）。卧室是住宅中最具个性的场所，色调常常因使用者的喜好各异。如年轻人追求时尚新颖，因而采用中高彩度色系列；老年人推崇古典、沉稳，因而采用低明度色系；儿童卧室则应选用多彩色组合处理。

图 10-10

图 10-11

卧室中以床为中心的家具陈设应尽可能简洁实用。床在卧室里面是最主要的家具。一般来说，双人床的高床头应靠墙，床要三面临空；床不应正对着门放置，否则会产生房间狭小感觉，而且开门见床也不太方便；床的位置应远离窗口。卧室中其他的家具，比如书桌、书架、电视架，完全可以根据实际情况来添加。卧室绿化陈设的原则是柔和、舒适、宁静。一般以观叶植物为主，并随季更换。

卧室空间对物理环境的要求相对比较严格，冷暖现在可以通过空调予以调节，实现最佳值。在声环境方面，应采用吸音或隔音等措施以保证卧室和客厅等居室环境的噪音不大于 50 分贝。在采光方面，卧室的光线一般不要过亮，这里所指的光线包括自然光和灯光两种。所以卧室尽量不要采用落地窗，尤其是东西向的房间。光线过于强烈，会影响人的起居睡眠。窗帘布要使用隔光效果好的材质。

二、书房

书房亦称工作室，是作为人们阅读、书写及业余学习、工作的空间，是最能表现居住者习性、爱好、品位和专业的场所。现代生活中的书房，已逐步演变成办公环境的延伸，其在功能上日趋多元化，同时兼有工作与生活的双重性。它既要有家庭办公的严肃性，又要考虑书房是家居中的一部分，浓浓的生活气息要有充分的展示。这样才能保证使用者在轻松的环境中更投入的工作，得到更自在的休息。

书房空间需要的环境是安静，少干扰，在单层居住空间中，它可以布置在私密区的外侧，或入口旁边单独的房间。书房中的空间主要有收藏区、读书区、休息区。如果书房的面积较大，布置方式就灵活多了，如圆形可旋转的书架位于书房中央，有较大的休息区可供多人讨论，或者有一个小型的会客区。

书房是一般应以蓝、绿等冷色调的设计为主，以利于创造安静、清爽的学习气氛。书房的色彩绝不能过重，对比反差也不应强烈，悬挂的饰物应以风格柔和的字画为主。一般地面宜采用浅黄色地板，墙和顶都宜选用淡蓝色或白色。（图10-12）

图 10-12

书房中主要的家具陈设是写字台、书架、书柜、座椅或沙发。书架的放置并没有一定的准则。非固定式的书架只要是拿书方便的场所都可以放置；入墙式或吊柜式书架，对于空间的利用较好，也可以和音响装置、唱片架等组合运用；半身的书架靠墙放置时，空出的上半部分墙壁可以配合壁画等饰品；落地式的大书架摆满书后的隔音性并不亚于一般砖墙，摆放一些大型的工具书，看起来比较壮观；放置于和邻家相邻的那边墙上，隔音效果更添一层。书橱一般都是选择有整面墙的空间放置，不过也有窗户小或空间特殊的书房，书桌可沿窗或背窗设立，也可与组合书橱成垂直式布置。有的书房还兼作会客室，家具的陈设还必须增加休息椅或沙发。在休息和会客时，沙发宜软宜低些，使双腿可以自由伸展，力求高度舒适，消除久坐后的疲劳感。

图 10-13

书房的采光十分重要，在阅读的时候，人们的眼睛要比平常承受加倍的集中度，因此，书房的照明关系到眼睛的保护。只有室内的光源稳定，眼睛才不易产生疲劳感。若考虑在白天采用自然光，应该注意座向和窗户的位置。书房的亮度要够但须适当，太亮、太暗或反射光太强皆会影响视力。

书房的隔音同样重要。书房和其他房间最大的不同，即主要遵循读书及研究性质等使用原则，必须具备使精力集中的客观条件。因此，为了保持书房安静，硬件上可以借助于隔音壁材、隔音砖等。书房主要是以宁静为主要诉求，通常是为个人专用而设计，所以应尽量与其他房间隔离，因为独立的空间也有助于阻隔外在的噪音。（图10-13）

三、卫生间

图 10-14

随着人们生活水平的提高和居住空间的改善，家庭卫生间的设计正日益引起人们的重视。卫生间是多样设备和多种功能聚合的家庭公共空间，又是私密性要求较高的空间，同时卫生间又兼容一定的家务活动，如洗衣、贮藏等。它所拥有的基本设备有洗脸盆、浴盆、淋浴喷头、抽水马桶等，并且应在梳妆、浴巾、卫生器材的贮藏以及洗衣设备的配置上给予一定的考虑。

卫生间是洗浴、盥洗、洗涤的场所，也是一个清洁卫生要求较高的空间。 卫生间的色彩以清洁的冷色调为佳，搭配同类色和类似色为宜，如浅灰色的瓷砖、白色的浴缸、奶白色的洗脸台，配上淡黄色的墙面。也可用清新单纯的暖色调，如乳白、象牙黄或玫瑰红墙体，辅助以颜色相近的、图案简单的地板，在柔和、弥漫的灯光映衬下，不仅使空间视野开阔，暖意倍增，而且愈加清雅洁净，怡心爽神。（图10-14）

卫生间的基本设备有洗脸盆、净身器、马桶等，其设备配置应以空间尺度条件及活动的需要为依据。

由于所有基本设备都与水有关，因此，这些设备的给水与排水系统必须合乎国家质检标准。除了这些基本设施外，卫生间一般还有梳妆台、清洁器材储藏柜和衣物储藏柜等设施。这些设施的陈设需要注意使用材料的防潮性能和表现形式的美感效果，使卫生间变为优美而实用的生活空间。

卫生间的照明，一般整体照明宜选白炽灯，柔和的亮度就足够了，但化妆镜旁必须设置独立的照明灯作局部灯光补充，镜前局部照明可选日光灯，以增加温暖、宽敞、清新的感觉（见图 10-15）。卫生间灯具的选择，应具有可靠的防水性与安全性的玻璃或塑料密封灯具。在灯饰的造型上，可根据自己的兴趣与爱好选择，但在安装时不宜过多，不可太低，以免累赘或发生溅水、碰撞等意外情况。卫生间中除了采光之外，通风也是十分重要的。卫生间的通风一般分为两种：自然通风和人工通风。自然通风是不用通风设备，只通过对建筑物所留的门和窗户的开启，利用自然风的对流而保持卫生间的空气清新；人工通风则是通过安装通风设备，如排风扇、换气扇等使机械设备产生的风来更换卫生间的空气。

图 10-15

第三节　居住空间的辅助区域设计

家居环境中的辅助区域一般包括厨房和生活设施空间两部分。其中以厨房为家居环境设计的重点。

一、厨房

厨房通常是人们活动最为频繁的场所之一。厨房是专门处理家务膳食的区域，在功能布局上可分为储藏区、清洗区、配膳区和烹饪区四个部分。根据空间大小、结构，其组织形式有廊型、U 型、L 型、F 型等布局方式。廊型厨房是传统厨房最常使用的空间形式，即厨房呈一直线靠墙排列；U 型的厨房是厨具环绕三面墙，此设计的橱柜配备较齐全，相对需要的空间较一字形的厨房大；L 型的厨房，即是将冰箱、水槽、灶具（台）合理地配置成三角形，所以 L 型厨房又可称为三角形厨房，三角形的厨房即是按“工作三角原理”，是厨房设置最节省空间的设计。（图 10-18）

厨房是制作食品的场所，其颜色表现应以清洁、卫生为主。由于厨房在使用中易发生污染，需要经常清洗，因此，厨房色彩尤其墙面色彩安排宜以白色或灰色为主，不宜使用反差过大的色彩。现代厨房中的色彩搭配已走向高雅、清纯。清新的果绿色、纯净的木色、精致的银灰、高雅的紫蓝色、典雅的米白色，都是近来热门的选择。另外，厨房色彩的使用不宜

图 10-16

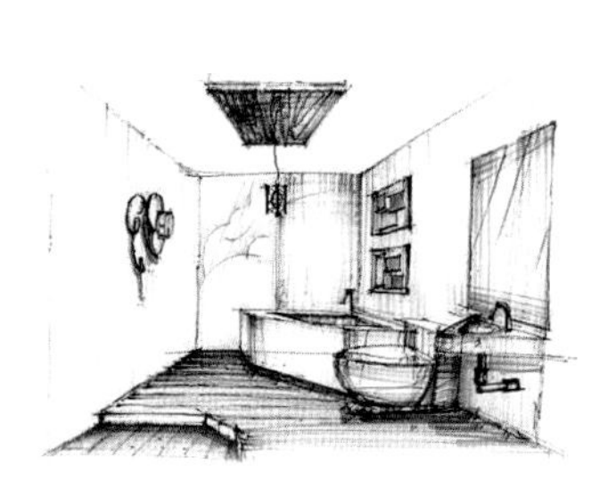
图 10-17

过多过杂，因为在光线反射时容易改变食物的自然色泽而使操作者在烹调食品时产生错觉。

厨房要具备良好的通风条件，通风良好的厨房能减少不必要的清理工作，提高劳动效率，更有益于操作者的身体健康。

二、生活设施空间

生活设施空间的设置是根据室内空间的大小、性质等综合因素考虑而划分的区域。根据使用者的不同的生活方式，生活设施空间可以设置洗熨设施空间、缝纫设施空间、大件物品储藏空间等。

图 10-18

图 10-19

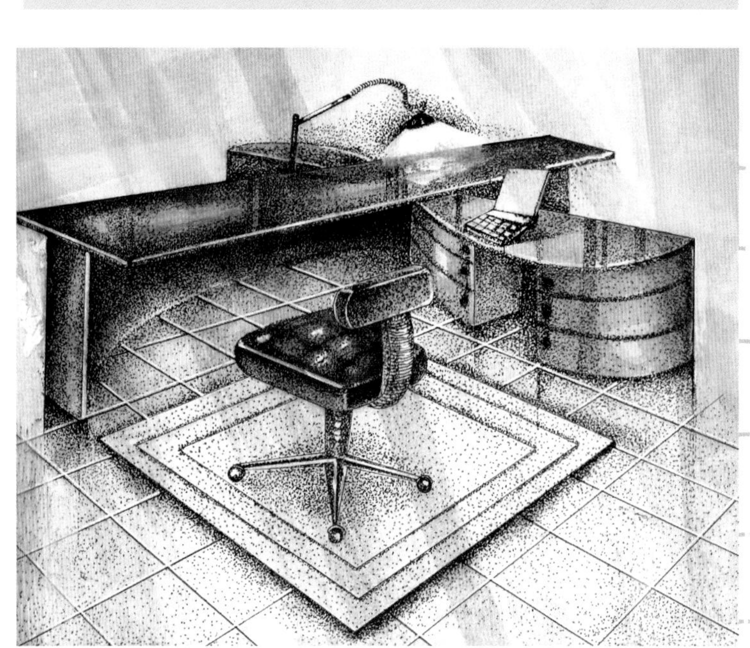

图 10-20

课后习题：

1. 设计一个现代客厅，要求体现不同材质的对比（例如木材和玻璃的对比，钢材和粗糙织物的对比等），营造现代简洁的风格。完成平面图和效果图。

2. 设计一个中式卧室，要求既体现中式特色，又具有现代元素，强调风格的和谐统一。完成平面图和效果图。

3. 在居住空间内，织物对室内气氛的烘托起什么作用？室内织物布置的要点有哪些？结合一个居住空间，做一份室内织物布置图，要包括织物的图案、材质等要素。

4. 根据前面所学知识，做一个完整的家居设计方案，户型为三室一厅一厨一卫。要包括设计方案的调查、分析、施工图纸和效果图。

第十一章　公共空间设计

学习目标：掌握商业设计、餐饮娱乐设计和办公空间的艺术语言元素、设计方法与步骤，掌握处理不同类型、不同风格的商业空间设计、餐饮娱乐空间设计和办公空间的设计。

学习重点：商业空间和餐饮娱乐空间的空间设计和界面设计，商业空间和餐饮娱乐空间的设计理念、原则、方法。

学习难点：商业空间、娱乐餐饮空间的空间设计，商业空间设计和娱乐空间设计装修材料的选择。

公共空间设计涉及的内容很广，其中商业环境设计、餐饮娱乐空间设计和办公空间设计较为复杂，同时它们的代表性也较强，本章将重点介绍这三种室内环境的设计。

第一节　商业空间设计

一、商业空间的设计

1. 布局面积的比例

在商业空间的室内设计中，首先要考虑商业空间室内布局面积的分配比例，其中营业厅为主要部分，营业厅所占总建筑面积的百分比的大小直接影响着销售额，其面积比的划分是室内空间划分的一个重要基准。除营业厅外，还应考虑商业辅助空间和引导部分，其中商业辅助空间部分包括商品库房、工作人员办公房间和其他辅助设施等；引导部分包括广告标志橱窗、问询台、寄存处等。一般可参照表 11-1。

表 11-1　商业空间室内设计的布局面积分配

建筑面积 /m^2	营业 /%	仓储 /%	辅助 /%
＞ 15000	＞ 34	＜ 34	＜ 32
3000 ～ 15000	＞ 45	＜ 30	＜ 25
＜ 3000	＞ 55	＜ 27	＜ 18

2. 空间组织和安排的原则

商业空间的空间组织和安排要以流线组织设计为原则，使顾客能顺畅地浏览商品、选购商品，并能迅速安全地疏散撤离。柜台布置所形成的通道应形成合理的环路流动形式，通过通道的宽幅变化、与出入口的对位关系、垂直交通工具的设置、地面材料组合等形式区分顾客主要流线和次要流线，为顾客提供明确的流动方向和购物目标。

3. 空间组织和安排的形式

商业空间的空间组织和安排的形式有封闭空间、半开敞式空间、开敞式空间和综合式空间等。商业环境的封闭空间是指以柜台、货架为基本分割元素，再以其他实体包围起来的一种封闭式的空间。它具有一定的隔离性、较强的领域感和安全感，但它与外界的互动性较差，主要使用于银行商业空间、贵重物品销售区域等（见图 11-1）。半开敞式空间和综合式空间在空间组织形式和产生的心理效果上都是界于封闭式空间和开敞式空间之间的，一般适合大型的百货商场或综合购物广场。开敞式的空间形式取决于有无侧界面及侧界面的围合程度，这种组织形式的空间和同等面积的封闭式空间相比要显得大，会带给顾客开朗、活跃的心理感受，适合于超级市场、自选市场等。

二、商业空间的色彩设计

恰当的色彩运用对优化、和谐商业环境的视觉效果有着重要的作用。对商业空间色彩的使用是一个综合考虑的过程，它需要涉及商业场所内部界面的色彩、商业场所陈设的色彩、商品的色彩甚至于商业场所工作人员的服装色彩，大面积的色彩对比能很好地衬托出商业气氛。（图 11–3）

1. 商业空间的色彩与功能区域

一般商业场所中的商品很多，尤其是一些大型的商场，常常让人眼花缭乱。对此，除了空间组织形式的运用，色彩在其中也往往扮演着不可忽视的角色。为了更好地引导顾客，使顾客方便地识别不同的购物场所，一般商业场所中不同的购物场所可以在色彩上有所区别，可根据商品的类别，利用不同的色彩来设计小环境。当然，这些小环境的设置既要便于区别商品，又要求融入整体色彩环境之中。

2. 商业空间的色彩与商品色彩

商业场所中的商品在出厂前一般都经过色彩的设计，各式各样的商品陈列在同一个商业场所的时候，

图 11-1

图 11-2

图 11-3

图 11-4

既显得丰富多彩，又给人杂乱无章的感觉。在这样的环境中，商业场所室内的界面一般宜用不太强烈且具有对其他色彩有广泛适应性的色彩，应更好地突出商品的形象，强调商品的色彩。同时，商业场所内的货架、柜台、陈列用具等也要相应的与商品的色彩相呼应，既要衬托出商品又要能够吸引顾客。如销售化妆品、时装、玩具等应用淡雅、浅色调的陈列用具，以免喧宾夺主，掩盖商品的美丽色彩；销售电器、珠宝首饰、工艺品等可配用色彩浓艳、对比强烈的色调来显示其艺术效果。（图11–5）

图 11-5

三、商业空间的陈设设计

1. 商业空间的陈设方式

商业场所的一切设计都是为了能够更好地推销商品，是围绕着商品进行的设计，商业空间的陈设方式也不例外。商业空间的陈设方式一般有系列布置陈设方式、专题式陈设方式、季节性陈设方式、场景式陈设方式几种类型。

系列布置陈设方式是为生产厂商完整展示某一类产品而设置的，也可以按经营类别展示同一系列的商品。如商场中出售的电器产品，不同规格、样式、型号和色彩的电器产品往往会被陈列在一处，这一方面有利于将该类商品作为一个完整的系列来展示，方便顾客的选择；另一方面也体现了商场中商品的齐全，提高了商场的声誉。

专题式陈设是指通过实物展示、文字介绍、图片说明等方法专题介绍某种商品的展示形式。我们在一些商业场所中经常可以看到这样的陈设方式。（图11–7）

季节性陈设方式主要是对一些季节性较强的商品，如空调、皮装等，根据季节的不同而做出相应调整的一种陈设方式。这种陈设方式对顾客有指导和启发消费的作用，也是商场抓住商机的重要手段。

图 11-6

图 11-7

场景式陈设主要用于橱窗陈列中，具有较强的艺术渲染力，可以引起顾客的联想、激发顾客的购买欲。（图 11-8）

2. 商业空间的陈设原理

（1）重复与渐次

商业环境陈设中运用重复的形式，就是把商品均等不断展示在顾客的面前，使每个陈设品都能发挥起性能，以加深顾客的印象。例如陈列化妆品，就将不同品牌的化妆品以相同的展示方法陈列出来。它会使顾客对商品的这种重复形式产生连续、平和的美感。渐次是一种等级渐变的表现形式，在使用中有逐渐增加，也有渐次减少的形式。例如在陈列商品或陈列商品的设施时，可以通过色彩由深变浅，或是由浅入深的方法，这样的排列方法给人一种生动活泼的感觉。如图 11-9 所示，把商品按照十分活泼的形式组合到一起，十分新颖，也能取得很好的效果。

（2）疏密与虚实

在商业环境陈设中所有陈设品之间的位距，陈设品的体量和数量的组合都要充分运用疏密的构图处理原则，才能产生良好的视觉效果。如体量大的商品一般陈列较疏，体量小的则较密；透体商品一般陈列较密，实体的商品较疏。商业环境的陈设还要注意虚实的变化，如果商场中橱窗或是柜台的陈列过实，商场的空间就会显得沉闷拥挤；过虚又会显得商场空间过于空旷，会给人以人气不旺的感觉。（图 11-11，图 11-12）

图 11-8

图 11-10

图 11-9

图 11-11

图 11-12

图 11-13

图 11- 14

四、商业空间的物理环境设计

在商业环境的物理环境各要素中，商业环境的照明是较难处理的一个问题，也是影响室内环境的一个最重要的因素，以下就商业环境的照明做出介绍。

1. 光源

在商业环境的照明设计中，光源的光色和显色性对整个商业空间的气氛、商品的质感等都有很大的影响。光源的光色即光源的色温，它的变化会直接影响到顾客对室内温度的感受。另外，商品的特性在很大程度上取决于表现出来的色彩，即取决于光源的显色性。靠光源显示商品的方法有两种：一种是显示商品的本色，另一种是对商品进行艺术处理。为了更好地体现商业室内环境的设计效果，对于不同的商业空间，不同的商品应选择与其相适应的光源：当显示在自然光下使用的商品时，宜采用高显色性（Ra > 80）光源，而显示在室内照明下使用的商品时，则可采用荧光灯、白炽灯或其混合光照明（见图 11–13）；对于玻璃器皿、宝石、贵金属等类的采光，应采用高亮度的光源；对于服装、化妆品的采光，宜用高显性光源；对于肉类、水果等采光，则宜采用红色光源较多的白炽灯。（图 11–14）

2. 照明要求

（1）商业环境的照明首先需要有足够的照度，照度的标准值见表 11–2：

表 11–2　商业环境中照度标准值

类别		参考平面及其高度	照明标准值 /lx		
			低	中	高
一般商店营业厅	一般区域	0.75m 水平面	75	100	150
	柜台	柜台面	100	150	200
	货架	垂直面	100	150	200
	陈列柜	货物所处平面	200	300	500
室内菜市场		0.75m 水平面	25	50	100
自选商场		0.75m 水平面	150	200	300
试衣室		试衣位置 1.5m 高处垂直面	150	200	300
收款处		台面	150	200	300
库房		0.75m 水平面	30	50	75

（注：我国的照度标准相对于国际照明委员会照度标准还有较大的差距，随着经济水平和供电能力的提高，我国也会逐步提高工业、企业和民用建筑的照度标准）

（2）商业照明应选用显色性高、光束温度低、寿命长的光源，同时宜采用可吸收光源辐射热的灯具。

（3）既要考虑水平照度的设计，同时对一些货架上的商品还应考虑垂直面上的照度。

（4）重点照明的照度应为一般照明照度的 3 ～ 5 倍，柜台内照明的照度宜为一般照明的 2 ～ 3 倍。

（5）对经营珠宝、首饰等贵重物品的商业场所宜采用值班照明和备用照明。

图 11- 15

五、商业空间设计的消防要求

我国已经制定了商业场所消费安全条例，《商场消防安全管理规范》中详细地规定了商业场所的消防要求，对于商场设计同样要了解相关知识，下面择录一部分内容提供参考：

1. 商场内疏散楼梯、走道的净宽应按实际疏散人数确定，其最小净宽不应小于 GBJ16-87、GB50045-95、GB50098-98 中的有关要求。

2. 商场地下营业厅的顶棚、墙面、地面以及售货柜台、固定货架应采用 A 级装修材料，隔断、固定家具、装饰织物应采用不低于 B1 级的装修材料。

3. 每层建筑面积达到 3000m^2 或总建筑面积达到 9000m^2 的商场营业厅，其顶棚、地面、隔断应采用 A 级装修材料，墙面、固定家具、窗帘应采用不低于 B1 级的装修材料。

4. 每层建筑面积 1000m^2~3000m^2 或总建筑面积 3000m^2~9000m^2 的商场营业厅，其顶棚应采用 A 级装修材料，墙面、地面、隔断、窗帘应采用不低于 B1 级的装修材料。

第二节　餐饮娱乐空间设计

一、餐饮娱乐空间的空间设计

1. 餐饮娱乐空间设计的概念

设计者在进行餐饮娱乐空间设计之前，首先需要对餐饮娱乐空间有一个整体的认识。休闲型的餐饮娱乐活动在都市生活中已经成为一种盛行的时尚，这种时尚是在社会化大生产的出现、高科技飞速发展的前提之下，人们的体力和精力都像机器一样运转的环境中产生的。人们渴望在工作之余有身心放松的场所去享受，比如酒吧、咖啡馆、茶楼等，这些场所的产生，最直接的目的就是为人们营造一个交流、放松和休闲的环境。餐饮娱乐行为要求餐饮娱乐空间多样化。多元化的社会，带来了多元化的生活，也出现了多元化的消费方式。人们由于自身习惯和所处生活环境的不同，产生了不同的饮食爱好和娱乐爱好，因此餐饮娱乐业必须适应这种多元化的要求。目前餐饮娱乐文化多元化的发展让人目不暇接，这是餐饮娱乐业走向繁荣的表现。（图 11-16）

舞厅是娱乐空间设计的一个重要部分。一般舞厅分四个区域：其一，舞台、音控室和化妆室；其二，舞池；

图 11-16

图 11-17

图 11-18

其三，紧连舞池的座席区；其四，通常顺墙设置的酒吧兼收银台、卡座及洗手间等。舞厅的人流空间多处在后台区和各区域的交界处，各区之间的衔接紧凑。其面积比例一般是：前台舞台约占 20%，中心区（舞池）约占 60%，后台约占 7%，其余为主通道。舞厅一般要求装饰造型新奇、动感强。（图 11-17）

大型的酒吧和咖啡厅，一般在室内一侧设乐队、琴台或舞池。酒吧、咖啡厅装饰设计的重点集中体现在吧台与酒柜的造型特点和功能设置上。酒吧、咖啡厅便捷、愉悦、新颖而极富风格的空间视感，主要表现在多变的布局形式、界面色质与照明设计的柔光浓彩之中。舞厅要注意室内隔音的问题，在顶棚采用一些吸音材料，在墙面使用一些隔音材料。

餐饮娱乐环境空间设计应具有鲜明的个性。餐饮娱乐环境需要具有自己独特的个性文化空间形式，个性文化是餐饮娱乐文化发展和生存的根本。通过个性化的形象传递，使消费者在消费的同时获得更多的精神层面的享受，可以让人们留下美好而深刻的印象。因此，努力追求个性特征的餐饮娱乐环境越来越受到人们的喜爱。（图 11-18）

2. 餐饮娱乐空间设计的基本原则

（1）满足使用功能要求的原则

餐饮娱乐空间的设计首先必须具有实用性以满足其功能的要求。无论餐饮娱乐空间是什么形式，也不管它是什么类型，文化背景如何，都必须从功能出发，注重餐饮环境娱乐空间设计的合理性。

（2）满足精神需求的原则

人们对餐饮娱乐环境的精神需求，是随着社会的发展而发展的。顾客的心理活动千变万化，难以把握。个性化、多样化的消费潮流，要求餐饮娱乐空间设计融入更多的文化个性和品位。用文化品位去打动消费者的心理，满足消费者的精神需求，是餐饮娱乐业发展的灵魂。

（3）满足顾客目标的导向性原则

餐饮娱乐空间设计定位一定要以消费目标市场为依据，顾客是餐饮娱乐生存和发展的依托。设计者所展现给顾客的餐饮空间是否受到顾客的喜爱，就要看设计者所设计的东西是否以顾客的要求为导向，是否为顾客提供了一个满意的餐饮娱乐环境了。

（4）满足适应性原则

餐饮娱乐空间设计离不开社会环境。社会环境和条件是一个企业赖以生存和发展的基础，一个地区的不同民俗、地理环境都会造成餐饮娱乐空间设计的不同风格。餐饮娱乐环境空间设计的适应性原则体现在对整个社会环境的依赖性。社会环境受到经济变化的影响，受到周边环境的影响，受到民俗风情的影响，受到宗教信仰的影响等，所以餐饮娱乐环境空间设计必须满足社会的适应性原则。

图 11-19

二、餐饮娱乐空间的色彩设计

餐饮娱乐环境的色彩设计定位对于餐饮娱乐环境的好坏起着重要的作用，设计者在定位餐饮娱乐环境的色彩时需要根据实际条件，准确应用，才能最大限度地发挥色彩的各项功能。

大型餐厅是典型的餐饮空间环境，其色彩处理一般选择红、黄、橙等暖色调，其中再加以乳白色，可使色调更为明朗、活泼。黄、橙是欢快、喜悦感的象征色，且易产生水果成熟的味觉联想，激发人的食欲，是当今餐饮业餐厅的最常用色彩。快餐厅的用色一般选用高明度的色彩和高彩度的色彩组合。当然，要创造具有独特品位的餐厅环境，也可突破常规用色，采用表现个性的色彩处理方法。

舞厅的界面造型、装饰选材和色彩类似于酒吧和咖啡厅，追求轻松活泼、愉悦而沉醉的视觉效果。由于舞厅经营的时间集中在夜晚，所以多采用封闭式的照明。为突出功能特征，其造型变化与光色的跳跃性大，光源都集中在舞台和舞池上部，而其他地方光照较弱。为强调炫目和富有节奏的光照效果与空间氛围，整体的界面色调倾向浓重或雅艳，见表 11-3。（图 11-19）

表 11-3　餐厅舞厅常用的配色方案

部位 类别	顶棚	墙面 柱子	餐柜地面	餐桌 椅柜	门窗	窗帘	陈设
中餐厅	乳白色、浅米色	浅米黄色、深木色及其他高明度、低彩度的暖色	低明度、低彩度的色彩	木色、褐色	木色、褐色等	中明度、低彩度的暖色	彩度较高的色彩，明度很高或很低的色彩
西餐厅	乳白色、浅米色及其他高明度、低彩度的暖色	乳白色、浅米色、米黄色、浅粉红色、浅玫瑰色等中明度、中彩度的暖色	暗红、深褐色及其他低明度的暖灰色	乳白色、浅米色、木色	乳白色、浅米色	中明度、中彩度的暖色	彩度较高的色彩，明度很高或很低的色彩
舞厅	黑色、深色	黑色，局部用红色、蓝色、砖红及其他低明度的色彩	黑、白、砖红及其他低明度的色彩	黑色、深色、木色、暗红色、褐色等	深色、大红色、深蓝、淡黄及其他有别于墙面明度、彩度的色彩	低明度、中彩度的色彩	彩度较高的色彩，明度很高或很低的色彩

三、餐饮娱乐空间的陈设设计

餐饮空间一般包括门厅、休息厅、餐饮区、厨房、卫生间等功能区域，其中门厅、休息厅和餐饮区是顾客消费逗留的场所，是餐饮空间陈设设计的重点。舞厅空间一般包括门厅、休息厅、舞池、舞台、灯光音响控制室等。

1. 门厅

中等规模以上的独立式餐饮店或大型的附属式餐饮空间大部分都设有门厅，顾客一般在门厅逗留的时间较短，但是这里却是顾客感受的第一空间。独立式的餐饮店门厅陈设布置一般比较灵活，中型餐饮店门厅陈设一般比较简洁，常用的陈设品有绿植、艺术照片、工艺品等，其平面类陈设较多，体量一般较小，造型简洁，色彩明快。大型独立餐饮店的门厅规模较大，一般追求豪华富丽的门厅效果，常选用的陈设品有绿植、雕塑、信息陈设等，其立体类陈设较多，风格特点更加鲜明，陈设内容更加丰富，视觉冲击力更加强烈。舞厅的通道和门厅都追求个性的风格，常设计新奇，视觉冲击力强。（图 11–20）

图 11-20

2. 休息厅

大型的餐饮空间都有休息厅，它是人们等待就餐或就餐完毕稍作休息的地方，人们在此停留的时间较长，因此，这里应选择一些有欣赏价值、耐看、精美的陈设品，且摆放的位置要恰当。无论是独立的餐饮店还是附属性餐饮空间，它们的休息厅陈设布置要求基本上一致，首先要有休息座椅、沙发，再根据空间的大小来决定是否布置桌子或茶几，其余常选用的陈设品有绿植、绘画作品、工艺品等。

3. 餐饮区

餐饮区是人们就餐的地方，是人们集中逗留的空间，这里的陈设布置应以烘托、渲染和调节就餐气氛为主要目的，常选用的陈设品有盆栽、插花、壁饰、屏风等。另外，应注意将那些精美易损的陈设品布置在人们不易触碰到的位置。家具陈设在餐饮区中居主导地位，它的色彩、风格、造型对就餐环境的风格起决定性的影响。其余陈设品的布置应以烘托空间环境的主题风格为目的，要与室内空间相协调。（图 11–21）

图 11-21

四、餐饮娱乐空间的设计的消防要求

室内设计不仅要考虑功能、美观，更要符合消防要求，公安部颁布的《公共娱乐场所消防安全管理规定》，详细地规定了公共娱乐空间的界定，并对公共娱乐空间的设计和施工做出了明确的要求。作为室内设计师要了解各种室内空间的消防要求。下面择录一些消防条例提供参考：

第二条　本规定所称公共娱乐场所，系指供公众使用的下列场所：

（一）影剧院、录像厅、礼堂等演出、放映场所；

（二）舞厅、卡拉 OK 厅等歌舞娱乐场所；

（三）具有娱乐功能的夜总会、音乐茶座和餐饮场所；

（四）室内游艺、游乐场所。

图 11-22

第六条　公共娱乐场所的内部装修设计和施工，必须符合下列规定：（一）吊顶应当采用非燃材料；（二）墙面、地面、隔断应当采用非燃或者难燃材料；（三）帷幕（幕布）、窗帘、家具包布应当采用阻燃织物或者进行阻燃处理；（四）电气线路的敷设，电器、空调设备的安装，必须严格执行有关施工安装规范，采取防火、隔热措施；（五）建筑内部装修不得改变设施的位置，不得影响消防设施的使用。

第三节　办公空间设计

一、办公空间的空间设计

1. 办公空间的类型

对办公空间的分类通常可以以其办公模式、使用性质和管理方式为依据。在此，我们以办公模式为依据对办公空间进行分类。相对独立的办公模式：办公空间因工作方式相对比较独立，其办公空间多以互不干扰的独立空间为主，如行政办公机构就属于这种类型的办公模式。流水线式办公模式：办公空间因其各

图 11-23

图 11-24

图 11-25

图 11-26

工作部门之间呈平行的关系，分前后工作程序且要求密切联系，为提高工作效率，其办公空间表现为大型的、具有灵活性的空间，比如一些金融机构就是这种类型的办公模式。综合类型的办公模式：该办公空间中既有对外联系较为频繁的部门，又有只需内部之间联系的部门，其办公空间表现为分区相对明确，该型办公空间适用于组团型的办公方式，其对外联系较为方便，内部联系也比较紧密，一般面积在 $40m^2$ ~ $150m^2$ 之间。大型办公空间适用于各个组团共同作业的办公方式，其内部空间既有一定的独立性又有较为密切的联系，各部门相对也比较灵活自由。

公共接待空间主要指用于办公楼内进行聚会、展示、接待、会议等活动需求的空间，一般指各种规格的接待室、会客室、会议室和各种类型的展示厅、报告厅等。（图 11–26）

交通联系空间主要指用于楼内交通联系的空间，通常可分为水平交通联系空间和垂直交通联系空间两种。水平交通联系空间主要是指门厅、大堂、走廊、电梯厅等空间（见图 11–27），垂直交通联系空间主要指电梯、楼梯等。

配套服务空间是为主要办公空间提供信息资料的收集、整理及存入需求的空间，是为员工提供生活服务、后勤管理的空间，通常有资料室、档案室、文印室、电脑机房等。

二、办公空间的色彩设计

1. 办公空间色彩运用总体的把握

办公环境中色彩的使用，不但需要满足工作需要，而且要有利于提高工作效率。通常室内总体采用彩度低、明度高且具有安定性的色彩，用中性色、灰棕色、白色等色彩处理较为合适。对于封闭式办公环境除按照一般要求选色之外，还要体现个性化倾向，尤其是经理室、主管室等色彩的使用可有多种选择，以体现个人风格。

2. 办公空间室内各部位的配色

墙面对创造室内气氛起支配作用，在具体使用中，墙面色的明度要比顶棚色的明度深，宜采用明亮的中间色。地面色不同于墙面色，采用同色系时可强调明度的相对比较效果。一般采用较浓色。顶棚一般采用接近白色、比较明亮的色彩。当采用与墙面同一色系时，应比墙面的明度更高一些。一般办公家具较多采用低彩度、低明度、低调子的色彩。在办公环境中，如墙面为暖色系，家具一般选用冷色系或中性色；反之，墙面是冷色系无彩色时，家具宜采用暖色。

三、办公空间的陈设设计

办公环境的家具主要包括办公桌（工作台）、座椅、橱柜、办公自动化设备等，办公桌是其主要家具。随着信息化技术的发展，办公桌多发展为组合式，即将两个不同高度的台面组合在一起成 L 形状。组合式办公桌可满足基本办公和操作电脑或办公自动化设备的需要。座椅可选择中靠背的软椅，使用的随意性较强。办公室的橱柜用于存放文件资料和电脑光盘、软盘等，容量的大小可根据需要确定。由隔断围合的办公空间，使用更为方便，空间更加简洁。

绿色植物是办公室不可缺少的陈设。在个人办公的桌上可放置小型盆栽，并可随时更换，有助于调节办公人员的紧张情绪。在大空间内以放置观叶植物为主，可充分利用“剩余空间”进行布置，如在空间序列的节点处、转折处以及边角处，点状布置体量大、造型美、色彩鲜艳的盆栽，构成一个视觉中心。在室内布置绿植，不仅能美化空间，而且可改善办公空间的生态环境，有利于办公人员的身体健康。

办公环境还应有一些小型的装饰品，可根据个人的爱好在案头、墙面布置小巧精致的绘画、摄影、工

图 11-27

图 11-28

艺品等，使办公空间更富有人情味，从而更有利于工作。

图 11-29

课后习题：

1. 设计一个公共娱乐空间，并制作纸质模型或使用其他表现手法展示自己的设计理念（可以不拘一格，主要能表达自己对空间的理解）

2. 现有一个长方形仓库，长15m，宽6m，高6m。根据业主的要求要改造成一个中餐厅，请作出合理的空间划分，并作出草图，最后完成整套设计图纸，包括施工图和效果图。

3. 设计经常遇到空间的分隔，对空间进行分隔有哪几种方法？通过商业空间设计举例说明。

4. 设计一组化妆品专柜，要求造型新颖，色彩明快，反映化妆品时尚的特点。最后完成整套设计图纸，包括施工图和效果图。

5. 设计一个娱乐空间（舞厅，酒吧均可）。要求娱乐空间设计在布局或空间造型或界面等方面有创新的地方。最后完成整套设计图纸，包括施工图和效果图。

附录　室内装饰工程预算的编制

设计者应该掌握建筑工程定额与预算的基本原理和方法，能熟练地进行设计概算和施工图预算的编制，掌握施工图预算的审查及工程竣工结算的方法。建筑装饰工程预算主要是根据室内装饰工程的施工图纸，参照国家或地区现行的政策、法令，预算定额或单位估价、计算规则、各项取费的标准、取费基础等所编制出来的装饰工程的建设费用。建筑工程与建筑装饰工程预（结）算的编制方法、工程预算定额和工程费用项目的内容等基本相同。室内装饰工程预算包括以下内容：工程预算书、工程预（结）算汇总表、工程预算明细表和工程预算编制说明等。

1. 装饰工程预算的作用

装饰工程预算是政策性和技术性都很强的一项经济性劳动，要求严肃、认真、细致、周到。装饰工程预算有以下五个作用：（1）是建筑施工企业和建设单位签订承包合同或协议的结算依据。（2）是建设银行拨付工程款项的凭据。（3）是施工企业与建设单位办理工程款项结算的依据，也是实行财务监督的依据。（4）是进行施工准备的前提，根据预算书可以编制施工预算、编制施工进度计划、准备材料与机械、组织劳动力等。（5）是施工企业搞好经济核算、提高管理水平和控制工料消耗的准绳。如果作为招投标双方来讲，它是招标单位确定标底的根据，也是投标单位投标报价的依据。

2. 工程预算书封面格式

工程预算书的封面格式，一般如下所示：

No______号

工程预算书

建设单位：______________________

工程名称与编号：______________________

工程性质：______________________

施工地址：______________________

建筑面积：______________________

工程造价：______________________

其中：直接费______________________

直接费______________________

建设单位：	施工单位：
负 责 人：	主 管 人：
经 办 人：	审　核：
施 工 员：	编 制 人：

编制日期______年____月____日

3. 工程预算书的内容构成

一般包括四部分：工程预算汇总表、工程预算总表、工程预算明细表（有的叫工程预算表）和预算编制说明。

（1）工程预算汇总表

工程预算总表是将装饰工程的各项费用（直接消耗费用、间接消耗费用、其他费用、利润、税金和设计费等）汇总到一起。各项费用根据建筑工程预算定额或单位估价表、取费标准和费用计算基础以及计算公式，逐项计算出来，下面简要说明并请参阅表 1：

表 1　工程预（结）算汇总表

<table>
<tr><td>工程名称</td><td></td><td></td><td></td><td></td></tr>
<tr><td>建筑面积</td><td></td><td></td><td></td><td></td></tr>
<tr><td rowspan="2">综合造价</td><td>合计</td><td colspan="3"></td></tr>
<tr><td>单方造价</td><td colspan="3"></td></tr>
<tr><td rowspan="2">土建造价</td><td>合计</td><td colspan="3"></td></tr>
<tr><td>单方造价</td><td colspan="3"></td></tr>
<tr><td colspan="2">暖卫造价</td><td colspan="3"></td></tr>
<tr><td colspan="2">电气造价</td><td colspan="3"></td></tr>
<tr><td colspan="2">内装修造价</td><td colspan="3"></td></tr>
<tr><td colspan="2">外装修造价</td><td colspan="3"></td></tr>
<tr><td colspan="2">工业安装造价</td><td colspan="3"></td></tr>
</table>

直接费：直接消耗用于工程的费用，它包含两部分，一是基本直接费，是根据国家统一制定或地方（省、市、自治区）制定的工程预算定额，将材料费、人工费和机械费计算出来，所以，基本直接费也叫“定额直接费”。材料费由工程所消耗的材料、周转性用材（钢模板、脚手架等），乘上相应的预算价格可以求得。材料费除材料原价外，还包括运输费、手续费、包装费、采购及保管费和损耗费等（供应价内已包含的，不计算）。人工费是预算定额基价人工费乘上分项的工程量。机械费是定额中的机械使用费率乘上分部工程量。运输费一般按 1% ~ 2% 提取，采购保管费是 2% ~ 2.5%；材料损耗费按材料费的 3% 计算。人工费中的工资性补贴一般是补贴日工资的 1 / 3。有的在基本直接费中还增加“综合费”一项，指的是超高费、材料的水平或垂直搬运费、内脚手架费等。二是其他直接费，其中包括冬、雨季施工增加费（一般是 1.8%）、工具使用费（一般为 0.5%）、流动施工补贴费、检验试验费、厂站搅拌混凝土增加费（多为 3%）、水电费、三项（工程定位实测、点交与场地清理）费用、预算包干费（一般按定额人工费 ×9% ~ 30% 计算）等。

间接费：是指非直接支付的工程费用，其中以施工管理费为主，另外还有劳动保险基金（有的叫劳保支出，通常为 2%）、临时设施费（基本直接费 ×2%，或定额人工费 ×8% ~ 11%）等项。这项费用，有的叫“施工管理费”，单列为一大项（一般是直接费 ×9% ~ 15%）。

其他费用：包括远征费、异地施工补贴费、材料差价、地区差价、房产税和土地使用税、定额流动资金贷款利息、公房集中供暖费、施工机械迁移费等项内容。

利润：从 1988 年起，实行计划利润，国有企业取消法定利润和技术装备费。

税金：税金中包括“两税一费”（营业税、城建维护税、教育附加费）。

设计费：在我国，建筑设计的设计费较低（1.25% ~ 2.5%），建筑装饰的设计费较高（对内为 3% ~

8%，有的地区是 3% ~ 5%；对外很高：13% ~ 21%）。

除了上述六大项外，有的装饰工程尚有一些项目（如不可预见费、工程难度费、特殊加工费、特殊措施费、地下施工及夜间照明用电费等）也列入工程预算总表中。

（2）工程预算预算表

工程预算预算表又叫“工程明细表”，是将分部分项工程单位、单价、数量、金额和人工费（定额和金额）详细列表，以便统计和审查。表格具体格式、内容参见表 2。

表中的“定额编号”栏里杠前后的两个数字分别表示：“分部一子目”。我国现行建筑工程土建预算定额共划分为 14 个分部，分部下面又设若干子目。填写工程预算明细表时，定额编号中的分部与子目编号要尽量按国家的统一规定填写。14 个分部的编号是：1——人工土石方工程；2——机械土石方工程；3——桩基础工程；4——脚手架工程；5——砖石工程；6——混凝土及钢筋混凝土工程；7——混凝 + 金属结构构件运输、安装工程；8——木结构工程；9——楼地面工程；10——屋面工程；11——耐酸防腐工程；12——装饰工程；13——构筑物工程；14——金属结构制作。

（3）工程预算编制说明

工程预算编制说明的内容包括：①本预算编制的依据（施工图纸与说明书、施工组织设计与技术措施、建筑安装预算定额及解释、安装工程单位估价表、材料预算价格及调整预算价格的有关规定、通用图集或定型产品设计图集、上级部门有关工程取费的规定及编制预算的规定、国家建设部有关文件、钢砼构件价格、施工合同或协议书、施工场地水文地质资料等）；②承包方式；③工程性质与特点（结构类型、工业或民用、层数、建筑物高度、地下室深度、特殊要求等）；④其他。

工程预算书编好后，即可打印报送建设单位及上级领导机关、建设银行审批。批准后，一方面存档，另一方面组织施工。经过一定的反复与修改，工程完成后做出工程结算书。

表 2　工程预算表

序号	定额编号	分部分项工程名称	单位	数量	单价	金额	人工费

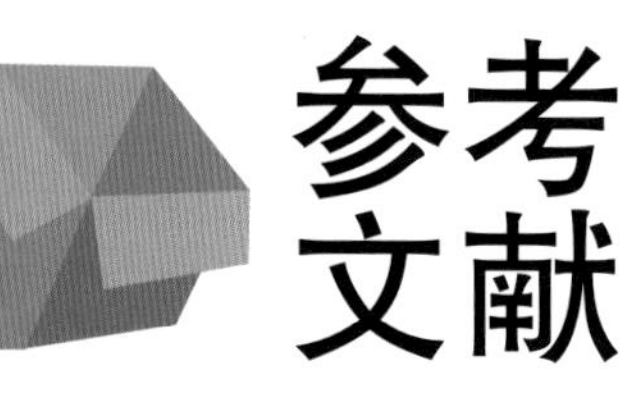

参考文献

卢安・尼森等主编. 美国室内设计通用教材. 陈德民等译. 上海：人民美术出版社，2004

郑曙旸著. 室内设计思维与方法. 北京：中国建筑工业出版社，2003

张绮曼主编. 室内设计资料集. 北京：中国建筑工业出版社，1991

梁展翔，金　琳编著. 室内设计. 上海：上海人民美术出版社，2004

戴力农主编. 室内设计. 上海：上海交通大学出版社，2001

史春珊编著. 现代室内设计与施工. 哈尔滨：黑龙江科技出版社，1993

汤重熹主编. 新世纪高职高专教改项目成果教材——室内设计. 北京：高等教育出版社，2003